創造空間無限可能！

理想住宅
翻修計畫

牆面、地板、收納完全提案！
新手也能輕鬆規劃＆實踐

長野惠理／著　何姵儀／譯

The first self-renovation

前言

大家滿意現在住的家嗎？

「太老舊了。」

「是租的。」

「很多地方不能敲敲打打。」

遇到這種情況大家千萬不要輕言放棄。

因為只要稍微花些心思，原本的居住處

也能變成一個令人留戀的空間。

大家或許會覺得「整新翻修」

應該需要一筆相當龐大的費用而且工程浩大，

其實大家多慮了。

為了解除各位心中的迷思，接下來我們要透過各種情境，

在這本書中為大家介紹就算是新手，照樣用得順手的材料與工具、

基本工具的使用方法，以及各種靠DIY讓房間煥然一新的

「翻修改造自己來」方法。

不管是立刻動手簡單嘗試的翻修小點子，

還是木頭家具的製作方法、粉刷技巧或更換壁紙及地板等，內容應有盡有。

到目前為止我的工作坊指導人數已經超過兩千名。

於是我利用了這些累積的經驗，盡可能地將就算是新手

也不會失敗的翻修重點，以及漂亮完工的改造訣竅

鉅細無遺地在書中為大家介紹。

「好想這樣做做看喔」、「這樣的話我應該可以自己來」，

要是看到讓你蠢蠢欲動的技巧，那麼不妨先從這些地方改造看看。

要自己動手改造翻修，最重要的就是嘗試的心態以及挑戰的精神。

不能任由我們的家隨著歲月流逝老朽，要不斷翻新才行。

只要靠我們的雙手，就能夠讓這個家脫胎換骨，煥然一新。

請大家盡情享受翻新整修的樂趣吧！

如此一來，會更喜歡自己的家。

希望經過一番翻修之後，大家會對自己的家依依不捨，念念不忘。

Contents

如何閱讀本書 —————————————— 6

Chapter 0　自己動手翻修的基本知識

何謂「改造自己來」 ————————————— 8
了解房屋構造 ————————————————— 10
一般的室內尺寸 ——————————————— 12
測量尺寸與遮護 ——————————————— 14
訂立計畫 —————————————————— 16

Chapter 1　自己翻新牆面

在翻新牆面之前 ——————————————— 18
鋪貼壁紙 —————————————————— 20
塗刷塗料 —————————————————— 28
塗抹珪藻土 ————————————————— 35
用木板施作半腰壁板 ————————————— 42

Chapter 2　自己翻修地板

在翻修地板之前 ——————————————— 48
鋪貼 PVC 地磚 ——————————————— 50
拼接地板貼 ————————————————— 57
鋪設木頭地板 ———————————————— 63

Chapter 3　自己改造收納家具

木工的基本知識 ——————————————— 70
製作收納盒 ————————————————— 76
製作層板架 ————————————————— 81
專欄：用伸縮配件來製作置物架 ——————— 88
製作電視櫃 ————————————————— 89
製作縫隙推車 ———————————————— 94
改造家具① 鋪貼磁磚 ———————————— 101
改造家具② 木材塗裝 ———————————— 105

JOUIR DE LA VIE
Ne remets pas à demain
ce que tu peux faire aujourd'hui.

Chapter 4 　翻修小創意

房間小改造

更換把手 ————————————————— 112

安裝金屬配件 —————————————— 113

更換插座蓋板 —————————————— 113

更換照明設備 —————————————— 114

改造房門與收納門 ————————————— 115

貼上美紋膠帶裝飾 ————————————— 115

改造房間空間

翻修壁櫥 ——————————————— 116

架設隔板 ——————————————— 118

製作貓走道 —————————————— 119

架設洞洞板 —————————————— 120

施作半腰壁板 ————————————— 120

改造洗手間 —————————————— 121

在洗手間的牆面貼磁磚 —————————— 121

製作獨創家具與小物

寵物食物收納櫃 ————————————— 122

附抽屜書架 —————————————— 124

展示架踏台 —————————————— 125

用黑板漆製作留言板 ———————————— 126

［日文版工作人員］

設計：廣田 萌＋髙見朋子（文京図案室）

攝影：山本尚明

執筆協力：杉山 梢

插畫、線稿：堀野千惠子＋河井涼子

如何閱讀本書

STEP 號碼

「作業流程」的STEP號碼與施工步驟的STEP號碼對應。

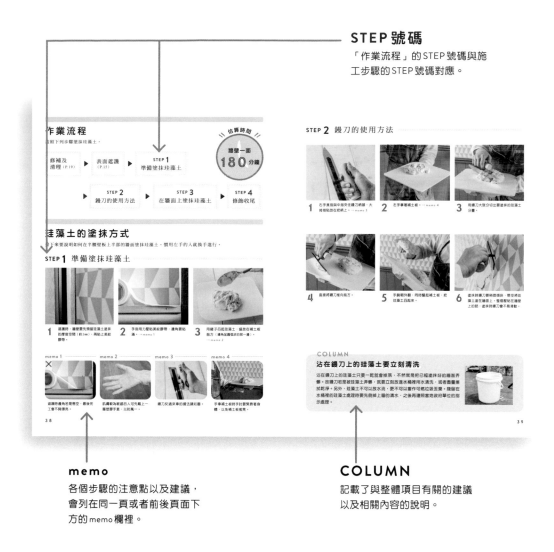

memo

各個步驟的注意點以及建議，會列在同一頁或者前後頁面下方的memo欄裡。

COLUMN

記載了與整體項目有關的建議以及相關內容的說明。

如何利用本書

・本書記載的內容為2020年5月的資訊。

・所需的材料用量、費用及時間原則上是根據施作面積、日本現行價格以及作者的經驗來推算，施工時須以個別情況來調整，還請多加留意。

・施工時需注意安全，並在個人責任範圍內進行。

・在施工的過程當中，有時會產生噪音或者是散發出塗料等的氣味。如果是公寓，最好事先告知鄰居施工事宜。

・使用電動工具時需注意安全，木屑若會四處飛散，請先戴上眼鏡和護目鏡，以保護眼睛。

Chapter 0

自己動手翻修的
基本知識

我們要在這一章先簡單說明自己動手翻修之前
必須具備的一些基本知識。
在這當中,「測量尺寸與遮護」更是自己動手翻修的一大前提。
因此在施工之前,就先讓我們補充一下正確知識吧!

何謂「改造自己來」

「改造翻修」原意是指規模龐大的修復工程，之後衍生出新的定義。
現在人們在整修房子的時候，就算規模不大，依舊經常使用「翻修」這個詞。
而不委託專家的木工裝修工程，凡事自己動手做，這就叫做「改造自己來」。

自己動手翻修改造能做什麼？

讓自己的家住得更加舒適安全，人們透過法律，規定了各種方法。
有些工程必須具備某種資格才能施作，畢竟一般人能做的工程有限。
在這當中適合自己動手翻修的，就是更換壁紙以及木板等飾面材料。
這些變動不僅可以大幅改變房子給人的印象，而且不需要對支撐建築物的結構進行修建。
另外，製作小型家具也是一個非常容易挑戰的領域。

更換壁紙

改換木質地板

粉刷牆壁

製作層架

本書提及的改造範圍

在本書當中，我們可以自己動手改造的範圍如下。

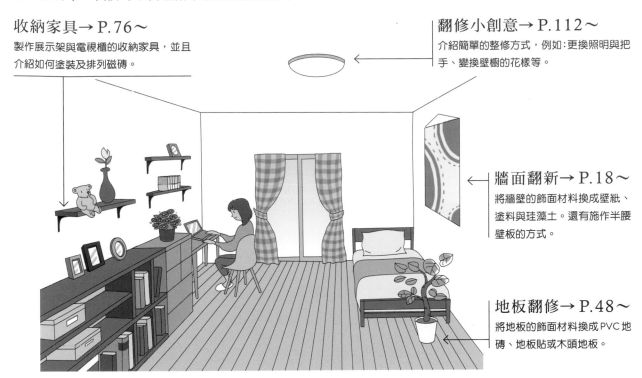

收納家具→ P.76～
製作展示架與電視櫃的收納家具，並且
介紹如何塗裝及排列磁磚。

翻修小創意→ P.112～
介紹簡單的整修方式，例如：更換照明與把
手、變換壁櫥的花樣等。

牆面翻新→ P.18～
將牆壁的飾面材料換成壁紙、
塗料與珪藻土。還有施作半腰
壁板的方式。

地板翻修→ P.48～
將地板的飾面材料換成PVC地
磚、地板貼或木頭地板。

租賃住宅、公寓大廈的規定

租賃住宅退租時恢復屋況原狀是基本原則。
故除了某些部分之外，本書所使用的
都是可以恢復原有屋況的建築材料。
不過各個物件的容許範圍不同，故在施工之前，
最好先向房東確認較為安心。
即使是購買的公寓，公設區域通常不能大幅改建。
而位在高層的樓房有時還必須使用
具有「準不燃」(指耐燃等級)性質的壁紙。
為了避免日後發生糾紛，
盡量在規定範圍內享受整新翻修的樂趣吧！

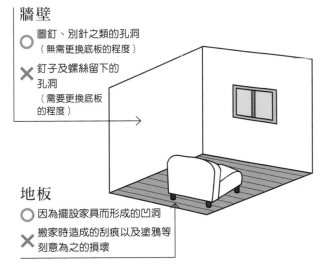

牆壁
○ 圖釘、別針之類的孔洞
（無需更換底板的程度）
✕ 釘子及螺絲留下的
孔洞
（需要更換底板
的程度）

地板
○ 因為擺設家具而形成的凹洞
✕ 搬家時造成的刮痕以及塗鴉等
刻意為之的損壞

※資料來源:東京都住宅政策本部「租賃住宅糾紛預防指南（概要）」

了解房屋構造

本書雖然沒有提到大規模的改建方式，但若能夠事先了解房屋構造的話，
當自己動手翻修時，就能夠掌握可行之處，增加基本的改造知識。
而這些知識在日後整修翻新時也能夠派上用場。

房屋的構造

房屋通常可以分為木構造、鋼骨構造以及鋼筋混凝土構造等。
這些種類是根據柱子、橫梁以及牆壁等支撐房屋的建材來劃分。

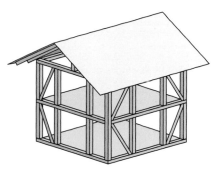  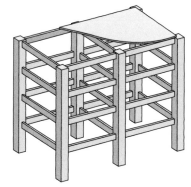

木構造

柱子及橫梁等結構部分採用木材來搭建。
這是日本自古以來的建造方式，今日依舊
經常用來營建獨棟住宅。工法上有用柱子
與橫梁支撐的軸組工法（在來工法），以及
利用牆壁等平面建材來支撐的框組壁工法
（2×4工法）。

鋼骨構造

柱子及橫梁等結構部分採用鋼材，並根據
使用的鋼材厚度分為輕量鐵骨與重量鐵
骨。施作工期短，適合重視成本的建築
物。此外，鋼骨構造亦可稱為S構造。

鋼筋混凝土構造

柱子及橫梁等結構部分由帶有鋼筋的混凝
土所組成，又稱為RC結構。這種建材防
火及抗震性佳，常用於營建公寓大樓。如
果是獨棟住宅，成本會稍高。

COLUMN

建築資材的尺寸以尺為基準單位

當我們到家具建材中心購買木材時，通常會發現
規定的尺寸不成整數，不是910mm就是1820mm，
這是因為日本的長度單位原本是「尺」。一尺為
303.03mm（30.3cm），而榻榻米的尺寸通常是3尺

×6尺，也就是約910mm×1820mm。長年以來，日
本建築界在搭建房子的時候都是以這個尺寸為基
準，就算長度單位改用公尺來標示，標記為mm的
規定尺寸還是會以尺為基準。

牆壁構造

牆壁的搭建方式會隨著房屋結構不同而改變。

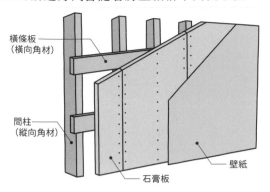

橫條板
（橫向角材）

間柱
（縱向角材）

石膏板

壁紙

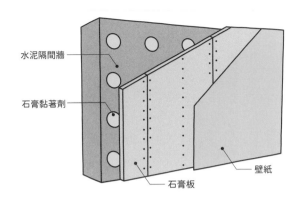

水泥隔間牆

石膏黏著劑

石膏板

壁紙

木構造與鋼骨構造的牆壁

木造房屋裡有間柱與條板，通常會先打上一層石膏板，然後再貼上壁紙之類的飾面材料。用螺絲釘將層架固定在牆壁上時所找尋的「牆底」，指的就是此處提到的間柱與條板。如果是鋼骨構造的話，間柱有時會是 LGS（輕量鐵骨、輕鋼架）。在這種情況之下，就要使用特殊的螺絲釘才能夠將層板固定在 LGS 上。

鋼筋混凝土構造的牆壁

鋼筋混凝土住宅的牆壁會先用石膏黏著劑將石膏板固定在水泥隔間牆上，接著再覆蓋一層壁紙等飾面材料。而所謂的「清水模（清水混凝）牆」，所指的是沒有在隔間牆上施作石膏板或飾面材料的牆壁。因此牆面若是採用清水模，恐怕難以 DIY 在牆上架設層架。

地板結構

本書要介紹的主要地板結構有兩種。

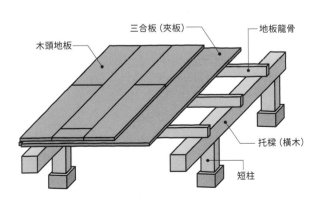

三合板（夾板）

地板龍骨

木頭地板

托樑（橫木）

短柱

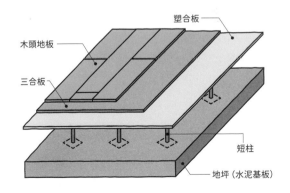

塑合板

木頭地板

三合板

短柱

地坪（水泥基板）

龍骨鋪裝法（高架鋪裝法）

木構造建築基本的地板工法。也就是先在地板龍骨上鋪層三合板，之後再鋪設木頭地板或榻榻米之類的地板飾材。另外還有不使用地板龍骨，僅用較厚的三合板來施作底座的「平鋪式鋪裝法」。

懸浮鋪裝法

鋼筋混凝土構造的公寓大樓採用的方法。為了確保管線以及佈線空間，地坪（水泥基板）上會先設置地板膠柱，鋪設塑合板與三合板之後，再施作地板飾面材料的工法。

一般的室內尺寸

室內牆壁的高度、地板寬度以及家具的一般尺寸如下所示。
在開始施工前先以這些尺寸為基準，動工時一定要實際測量過後再開始。

房間大小及各部位的名稱

整新翻修時經常出現的房間各部位名稱，以及牆壁高度與地板等一般尺寸。

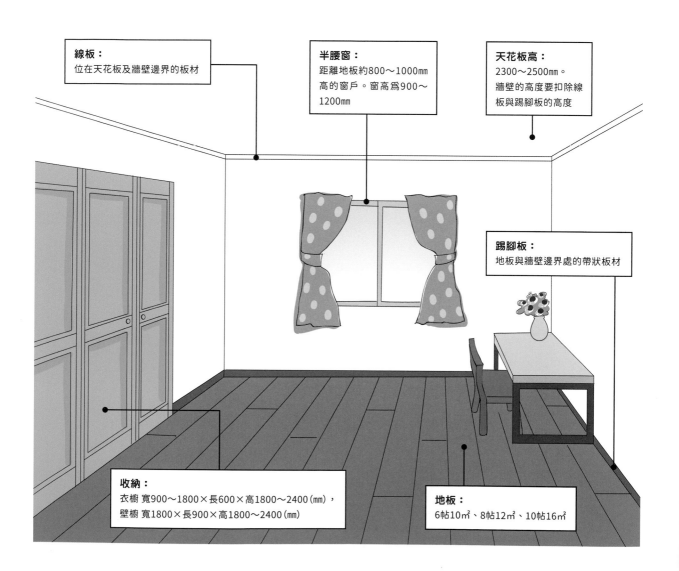

線板：
位在天花板及牆壁邊界的板材

半腰窗：
距離地板約800～1000mm
高的窗戶。窗高為900～
1200mm

天花板高：
2300～2500mm。
牆壁的高度要扣除線
板與踢腳板的高度

踢腳板：
地板與牆壁邊界處的帶狀板材

收納：
衣櫥 寬900～1800×長600×高1800～2400（mm），
壁櫥 寬1800×長900×高1800～2400（mm）

地板：
6帖10㎡、8帖12㎡、10帖16㎡

家具尺寸

一般的家具尺寸。單位為mm。

桌子

餐桌（四人座）

工作台

客廳桌

椅子

餐椅

沙發（一人座）

板凳

收納家具

電視櫃（32吋）

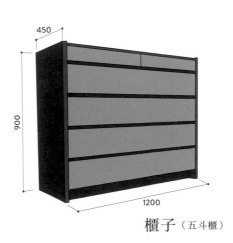

櫃子（五斗櫃）

測量尺寸與遮護

自己動手改造房屋時非做不可的工作，就是測量尺寸。
只要量好牆面與地板面的尺寸，就能夠掌握材料的需求量。
材料與工具準備好之後，接下來的工作是遮護，以免施工以外的地方弄髒或刮傷。

測量工具與測量方法

測量尺寸時要使用捲尺或角尺。

捲尺

捲尺前端有尺頭鉤，尺身以金屬為材質。除了部分，絕大多數的捲尺都有固定功能，尺身拉出之後能夠上鎖固定。長度方面，以寬25mm、拉長也不容易彎折的捲尺最好用。

1 前端的尺頭鉤頂著測量點的內側邊緣，或者是勾在外側邊緣固定。拉長捲尺便可水平或垂直測量長度。

2 測量天花板或橫梁等高處時，捲尺需貼放在牆面上，拉到直角處，再彎折尺身測量。

角尺（鐵工角尺、木工角尺）

形狀呈L字、金屬材質的尺規。主要是木工使用的工具。先在測量的位置上做記號，再畫上一條垂直線或45度線。較長的那一端為「長邊」，較短的那一端為「短邊」。

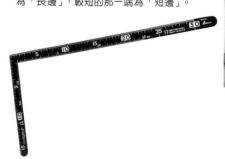

1 角尺的長邊或短邊與木材邊緣對齊之後，再用另一邊的刻度尺測量。長邊掛在邊緣固定的話，就能夠利用短邊畫出垂直線。

2 長邊與短邊刻度相同的地方（這裡為13）對齊放在木材的邊緣上，這樣兩邊就會形成45度角。配合這個角度畫出線條即可。

遮護方法

建築界所說的「遮護（防護）」，是指在施工處周圍覆蓋一層

塑膠布或膠帶以防刮傷或汙垢。遮護時通常會使用養生膠帶（水泥漆防護膠帶）

與美紋膠帶（遮蔽膠帶）。例如重新翻修牆壁時，

牆面與線板以及踢腳板（P.12）的邊界、窗框及門框、空調設備、

插座、開關等地方都要妥善遮護，以免弄髒。可以拆下的地方，在遮護之前就先拆卸吧。

美紋膠帶（遮蔽膠帶）

用來遮護的膠帶。這種膠帶大多以可撕下為前提，容易清除。搭配養生膠帶使用時需覆貼在底部。

養生膠帶（水泥漆防護膠帶）

養生膠帶是一種摺疊的塑膠膜上有條膠帶的防護塑膠膜。而塑膠膜的寬度以550mm與1100mm這兩種尺寸最為實用。

美紋膠帶的黏貼方法

1 在要施工的那一面，與需要遮護的地方邊界處緊密貼上美紋膠帶。

2 手指緊緊壓貼美紋膠帶，盡量不要讓黏著面浮起來。

3 插座及電源開關與牆面的接縫處要緊密貼上一層美紋膠帶，貼面稍微朝內立起，比較不容易沾到汙垢。

養生膠帶的黏貼方法

1 地板等面積寬廣的地方要用養生膠帶來遮護。首先在施工面的接縫處貼上一層美紋膠帶。

2 接著在稍微偏離接縫處的地方將養生膠帶貼在美紋膠帶上。

3 貼好之後攤開塑膠膜。塑膠膜帶有靜電，拉開之後會吸附在地面上。

訂立計畫

每項工程花費的天數以及時間各有不同，而DIY的流程大致如下。
在施工之前，就讓我們先訂好計畫，確保工程所需時間以及場所吧！

STEP 1
決定要如何整新翻修
先確定改造完成的樣貌。例如：哪個地方要如何改造、做好的東西要放在哪裡？

▼

STEP 2
測量尺寸與設計
需要整新翻修的牆壁及地板面積、擺放家具的地方要先量好尺寸，並且列出所需的材料及工具。做木工的話要先畫出一張簡略的藍圖，同時還要準備一份木材裁切圖。
※預估所需時間　2～3天

▼

STEP 3
準備材料與工具
材料與工具可以在手創館或家居建材行購買。但如果是在網路商店購買木材的話，那就無法確認實物了。有時訂購的木材裡會出現翹曲或節眼等現象，建議大家多買一些備用。
※預估所需時間　1天（在網路商店購買的話，還要考量送貨所需的時間）

STEP 4
施工準備
在正式動工之前，先換上一件不怕弄髒的衣服或圍裙，施工地點也要做好前置處理，例如打掃清潔，做好遮護措施，並視情況塗上底漆，或者塞住孔洞。
※預估所需時間　打掃與遮護：2小時、
上底漆：2～3小時

▼

STEP 5
實際作業
實際進行改造作業。上膠固定材料或者是上塗料時，通常需要一段時間材料才會變乾。為了讓改造工程更有效率，動工前最好先想好順序再來施工。
※預估所需時間　記載於本書各個項目之中

▼

STEP 6
清理
剩餘的材料必須根據當地政府單位的指示處理。保管時需詳讀注意事項，並將材料妥善安置在適當場所。有些工具帶有刀刃，屬於危險器具，故要留意收納場所，更別忘記保養。
※預估所需時間　30分鐘～1天

Chapter 1

自己翻新牆面

想要變換整個房間的氣氛及印象時，
最好的方法就是改變在房間占大多數面積的牆壁花色。
這一章將說明如何貼壁紙、上塗料與珪藻土，
以及半腰壁板的施作方法。

在翻新牆面之前

在進入牆面翻新這個正題之前，要先說明壁面裝飾材的種類以及修補牆壁的方法。
在本書中，我們使用的是可以直接在PVC壁紙上施工的材料。
原本的牆面上若是有坑洞或刮痕的話，一定要先清理補平再動工喔！

壁面裝飾材的種類

牆壁的飾面材料有好幾種，較具代表性的有下列這四種。

壁紙

以PVC、純紙及不織布等材質製成的片狀飾面材料。是最為普遍的壁面裝飾材，黏貼必須使用特殊的黏著劑。
→壁紙的鋪貼方法在P.20

塗料

在室內使用的主要是水性塗料，不僅顏色豐富，有的還具備有黑板一樣的功能。雖然比起壁紙來得容易髒，卻可部分修補。
→塗料的塗刷方法在P.28

木飾板

將實木或三合板（塑合板）等板材鋪貼在牆面的建材。只有下半面的牆壁鋪設板材的「半腰壁板」也很普遍。
→半腰壁板鋪設方法在P.42

泥沙建材

使用泥土與石頭等粉狀原料拌和而成的建材。凝固之前要用鏝刀塗抹在牆面上。灰泥（漆喰）塗料、夯土牆、砂石壁及珪藻土等皆屬於泥沙建材。
→珪藻土的塗抹方法在P.35

PVC壁紙牆的修補及清理

當我們在更換牆壁的飾面建材時，通常要先將原本的PVC壁紙撕下來，用補牆膏或補牆網片將石膏板上的坑洞及續貼部位補好之後再來處理。不過本書要介紹直接在PVC壁紙上施工的方法。但是在這之前牆面如果有坑洞或縫隙的話，還是一樣要先補平才能動工。
補平之後，再將牆面的污垢清理乾淨。

補牆膏（牆面修補膏）

填補牆面上的小坑洞

補牆網片

貼在牆面上修補較大的坑洞

修補及清理的方法

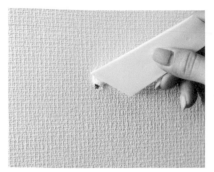

1 用補牆膏補平牆面。用刮刀填埋補牆膏時，盡量擠出裡頭的空氣。

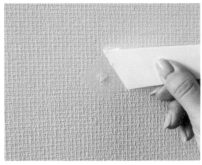

2 用刮刀刮除多餘的補牆膏，表面盡量抹平。

3 整個變乾之後再用砂紙磨平。砂紙號數以120號或240號為佳。

4 牆壁的坑洞修補完畢。

5 用中性清潔劑清除斑痕及汙垢。若有發霉或菸垢，那就要用特別的清潔劑來清理。

6 牆面帶有灰塵的話，壁紙會無法完全服貼，因此要用除塵撢將牆壁清掃乾淨。

其他牆面的牆底處理方式

P.20將介紹，當我們準備在牆上鋪貼不織布壁紙時，
原本的牆面如果是三合板或者是骯髒無比的PVC壁紙，
表面要先上層底漆，以免囤積在牆底的汙垢
或木材中的鹼液滲透到新壁紙的表面上。
以三合板為建材的牆壁要先用打磨機將牆面磨平
才能上底漆，就算是水泥牆，也同樣要先上層底漆。
泥沙類建材要先用刮板清除乾淨，
之後再批土處理。不過這項工程不易將牆面清除乾淨，
必須委託專業水泥工處理才行。
即便如此還是想改變泥沙牆的話，也可以選擇
先在表面鋪設一層三合板，之後再上底漆的方式來處理。

水性
封底漆

壁櫥內部已經上過一層
底漆的三合板牆

鋪貼壁紙

牆面翻新有好幾種方法，
當中最容易挑戰的改造方式就是貼壁紙。
只要使用不織布壁紙，就算房子是用租的，
日後照樣能夠撕下壁紙，恢復原狀。

壁紙的種類

壁紙是按PVC、純紙、布料等材質來分類，在日本建築業界中稱為「cloth」。

PVC壁紙

一般住宅常用的壁紙，材質為聚氯乙烯樹脂（PVC）。防水性佳，而且耐髒。價格雖低，但由於貼面的材質是紙，故施工時必須注意壁紙的伸縮狀況，花色接續時也要有些技巧才行。寬度約92cm。

純紙壁紙

以紙質為底材的壁紙。進口壁紙大多為純紙，而且富有設計性。但因材質為紙，不耐水及撞擊，故不適合鋪設在會遇水沖刷的牆面上。容易施工鋪貼的款式雖然日益增加，但若要貼得漂亮，還是需要相當的技術才行。寬度以52cm的居多。

不織布壁紙

貼面為不織布的壁紙。伸縮性（膨脹率）差，黏貼時需先在牆面上一層膠，容易施工鋪貼。鋪貼時如果能使用專用黏著劑的話，屆時更換時可整片撕下，恢復原狀，相當適合想要自行DIY的人。寬度以50～55cm的居多。

適合自己鋪貼的壁紙

只要使用不織布壁紙與壁紙專用黏著劑（Superfresco Easy），
就能夠在PVC壁紙上貼壁紙，撕的時候也可整片撕下。
雖然不織布壁紙的單價比PVC壁紙高，但在房子是用租的、
退房前必須恢復原狀時反而能夠派上用場。
原本的牆壁如果是三合板或水泥牆的話，
那就先上一層底漆（P.19）再貼壁紙。
但如果是泥沙建材搭建的牆壁，那就不適合在上面貼壁紙了。

不織布壁紙

壁紙專用黏著劑
（牆紙修補膠）

估算壁紙用量

這是以高2.3m的天花板來估算的用量。算好的用量要記得扣除踢腳板、線板、窗戶以及門的面積。
若要對齊花色，裁切時就要額外預留一些壁紙才行。

平均每面牆：牆寬÷壁紙寬度×天花板高度＋裁切時額外預留的量（上下10〜15cm）

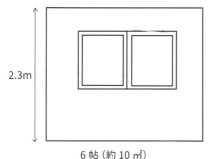

2.3m

6帖（約10㎡）

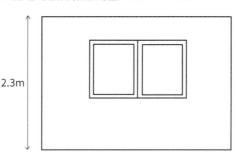

2.3m

8帖（約13㎡）

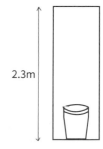

2.3m

洗手間（約1.1㎡）

6帖（約10㎡）的話

壁紙寬50cm…
- 平均每面牆約需16〜21m
- 平均每個空間約需74m

壁紙寬55cm…
- 平均每面牆約需13〜18m
- 平均每個空間約需62m

8帖（約13㎡）的話

壁紙寬50cm…
- 平均每面牆約需21m
- 平均每個空間約需84m

壁紙寬55cm…
- 平均每面牆約需18.5m
- 平均每個空間約需74m

洗手間（約1.1㎡）的話

壁紙寬50cm或55cm
- 平均每面牆約需5〜8m
- 平均每個空間約需26m

COLUMN

甲醛含量等級

甲醛是導致病態建築症候群的成因之一。這種物質會從建築材料中釋放出來，因此日本國產壁紙都會以星號來標示甲醛的含量等級。標示的星星顆數越多，就代表甲醛揮發量越少，因此使用打上F☆☆☆☆這個標誌的壁紙會比較安心。

材料與工具

貼壁紙時會用到的材料與工具。這裡要鋪貼的是不織布壁紙。

估算費用

材料 7,500 日圓
（10㎡的牆壁一面）

工具 7,000 日圓

材料

不織布壁紙
這裡使用的是有花色的壁紙。鋪貼時花色要對齊

不織布壁紙專用黏著劑
粉末狀的黏著劑。摻水調勻之後再使用

工具 —— 上膠用

黑色漆盤
貼壁紙時用來盛裝黏著劑的容器

滾筒刷
（滾輪刷）
將黏著劑塗抹在牆上的工具

油漆刷
可以將黏著劑塗抹在牆邊或者是細部的工具

濕紙巾
用來擦拭溢出的黏著劑

工具 —— 壁紙用

壁紙刮刀
筆直裁切壁紙時的引導工具

壁紙刷
從壁紙表面刷過，將牆縫之間的空氣擠出來

美工刀
用來裁切壁紙。替換刀片也要先準備好

滾輪
用來滾壓壁紙交接處

刮刀
在壁紙上畫裁切線的工具

作業流程

按照下列步驟鋪貼壁紙。

修補及清理（P.19） ▶ 地面遮護（P.15）
▶ STEP **1** 準備黏著劑

▶ STEP **2** 鋪貼第一張壁紙 ▶ STEP **3** 鋪貼第二張以後的壁紙 ▶ STEP **4** 貼上最後一張壁紙

〃 估算時間 〃

牆壁一面
120 分鐘

壁紙的鋪貼方法

讓我們一起來貼壁紙吧！這個部分要舉例說明如何在半腰壁板上鋪貼 7m 的壁紙。

STEP **1** 準備黏著劑

1 將水倒入黑色漆盤裡。每1m 的壁紙要用100 cc 的水加3g 粉狀黏著劑調製的黏著劑。→ memo 1

2 一邊用油漆刷攪拌水，一邊慢慢倒入黏著劑。→ memo 2

3 攪拌至沒有粉粉的感覺，整個黏著劑呈滑順的半透明狀為止。→ memo3

memo 1

粉狀黏著劑倒進紙杯中，事先量好分量。

memo 2

油漆刷要不停地畫圈攪拌，這樣比較不容易結塊。

memo 3

調至黏著劑慢慢從油漆刷滴落下來的濃度即可。

STEP 2 鋪貼第一張壁紙

1 壁紙貼放在牆面上，確認一卷壁紙的寬度範圍。

2 滾筒刷沾上黏著劑，塗滿一卷壁紙的寬度範圍。來回滾塗數次，厚厚地抹上一層黏著劑。→ memo 4

3 油漆刷沾上黏著劑，在牆邊、牆角以及與第二張壁紙的交接處刷塗數次。

4 壁紙放在地板上，往上拉。上方預留約5cm之後再輕輕壓貼。
→ memo 5

5 在牆壁下方預留約5cm的壁紙之後再裁切。

6 張貼時，壁紙刷從壁紙的正中央朝外側拭平，擠壓出裡頭的氣泡。

---

memo 4

黏著劑重複塗刷，直到用手指可以滑出痕跡為止。

memo 5

貼好之後微幅調整，盡量讓壁紙對準垂直線。

memo 6

美工刀先貼放在壁緣上，接著再一邊滑動壁紙刮刀，一邊裁切壁紙。

memo 7

美工刀割過壁紙之後，刀口會因為沾上黏著劑而變鈍，故在割過一邊壁紙之後一定要折下一段刀片。

7 用指甲在壁紙上壓出一條切割線，以便將上方預留的壁紙裁切下來。

8 接著用刮刀從切割線上描過。在用指甲壓線之前先用刮刀壓出切割線的話，反而會把壁紙割破。

9 壁紙刮刀先貼放在切割線上，接著美工刀沿著壁紙刮刀移動，將多餘的壁紙裁切下來。→ memo6,7

10 牆壁下方的壁紙切割時順序與步驟7、8相同，也就是先壓出切割線，接著再將壁紙刮刀貼放在壁紙上，用美工刀將多餘的壁紙裁切下來。→ memo 8,9

11 在窗戶等部位切割壁紙時，先在距離窗角稍遠處斜劃一刀。

12 接著朝窗角慢慢割開。割到窗角這個位置之後，再按照步驟7～9的方法將多餘的壁紙裁切下來。→ memo10

---

memo 8

從壁紙刮刀內側裁切的話會出現縫隙，所以一定要從壁紙刮刀的外側切割壁紙。

memo 9

裁切壁紙時壁紙刮刀要立起，不可以貼在牆面上。

memo 10

窗角這個部位的壁紙若是割過頭，就用多餘的壁紙貼補調整，妥善處理就可以了。

13 溢出天花板或牆壁的黏著劑用濕紙巾擦拭乾淨。

14 第一張壁紙完工。

STEP 3 鋪貼第二張以後的壁紙

1 先依照 STEP 2 的步驟 1～3 上膠，再掀開第一張壁紙續貼第二張壁紙的交接處，用油漆刷再上一次膠。

2 拉起第二張壁紙，與第一張壁紙對好花色之後，再按照 STEP 2 的步驟 4～13 鋪貼壁紙。

3 第一張與第二張壁紙的交接處用滾輪壓實。第三張以後的壁紙與第二張相同方式續貼。

COLUMN

壁紙的重複圖案

有花色的壁紙是由「重複圖案」（Repeat Pattern），也就是連續排列的圖案所組成的。續貼時每一段重複的花色都要錯開一半或者是 1/4，這樣壁紙在交接的時候才有辦法對上花色。而在計算壁紙所需的用量（P.21）時，可別忘了把在對齊花色時所需要的長度加進去喔。

將類似箭頭指出的花色當作交接處的記號

STEP 4 貼上最後一張壁紙

1 最後一張壁紙對好花色，調整好位置之後，裁切時上下及旁邊要預留約5cm。

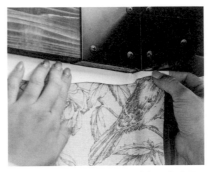

2 用壁紙刷擠出裡頭的空氣，上方用指甲畫出切割線之後，再沿著線條反摺壁紙，不需再用刮刀畫線。

3 壁紙下方也是用指甲畫出切割線，然後再沿著線條反摺。

4 側邊用指甲畫上切割線之後，用刮刀再描一次。

5 壁紙刮刀放在側邊的切割線上，對準後將上下多餘的部分裁切下來。

6 用滾輪將交接處整個壓實貼合，再將溢出的黏著劑擦淨即可。

COLUMN

插座周圍的處理方式

插座周圍依照下列順序來處理。

1 卸下插座蓋板。壁紙直接覆貼在插座上，接著再用美工刀割出對角線。

2 配合插座大小，將多餘的壁紙裁切下來。

3 裝回插座蓋板即可。

塗刷塗料

使用塗料翻新牆面的話，
材料費會比用壁紙或珪藻土來得低，
加上方法簡單，用滾筒刷塗刷即可，
事後還可補修，在DIY新手之間相當熱門。

牆壁適用的塗料

這一節要介紹可以直接在壁紙上塗刷的「牆面牛奶漆」。
這是一種以牛奶為原料製成的水性塗料，
具有除臭、抗菌、防霉等功效，使用上更安心，
而且色彩選項多達三十種，除了幾種顏色之外，
基本上都具備了黑板漆的功能。

COLUMN

水性塗料與油性塗料

塗料分為水性與油性，兩者最大的差別在於溶劑（分散介質）。水性塗料使用的是水，而油性塗料則是使用稀釋劑之類的有機溶劑。

油性塗料的持久性與速乾性佳，但刺鼻味重，非室內粉刷的首選。若要粉刷室內牆壁，使用水性塗料會比較妥當。

因為光線而形成的塗料色差

在挑選塗料顏色時，通常都會參考色卡。但是與要塗刷的牆面相比，
參考的色塊面積其實非常小。然而塗刷面越大，受光面就越廣，
因此要記住，塗刷在牆面上的顏色通常都會比色卡的色彩還要亮。
另外，陽光投入室內的方式以及光源的色調也會影響顏色的呈現。
來自西、南方的光線以及燈泡光偏紅色，來自東、北方的光線以及日光燈光
則是偏藍色。故在選擇顏色時，可別忘了將這一點納入考量之中。

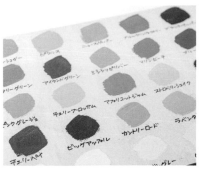

自然光下所呈現的色彩

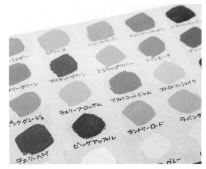

夕陽或白熾燈（鎢絲燈）等電燈泡下
所呈現的色彩

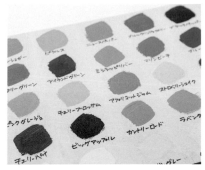

日光燈等白光下所呈現的色彩

估算塗料用量

這是以高2.3m的天花板來估算的用量。算好的用量要記得扣除踢腳板、線板、窗戶以及門的面積。每
罐200ml裝的「牆面牛奶漆」大約可以塗刷1㎡的牆面兩次。

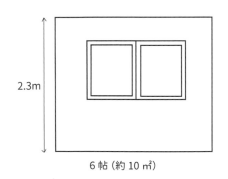

2.3m

6帖（約10㎡）

2.3m

8帖（約13㎡）

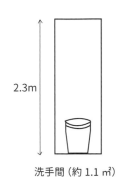

2.3m

洗手間（約1.1㎡）

6帖（約10㎡）的話
- 平均每面牆約需1.2～1.7ℓ
- 平均每個空間約需5.8ℓ

8帖（約13㎡）的話
- 平均每面牆約需1.7ℓ
- 平均每個空間約需6.8ℓ

洗手間（約1.1㎡）的話
- 平均每面牆約需0.4～0.7ℓ
- 平均每個空間約需2.1ℓ

材料與工具

在牆面上塗刷塗料時會用到的材料與工具。

材料

牆面牛奶漆
室內牆面專用的水性塗料。這裡使用的顏色是「藍月色」

工具

黑色漆盤
盛裝塗料的容器。
塗裝範圍若很廣就
用油漆提桶

滾筒刷
（滾輪刷）

塗刷塗料的工具

油漆刷
（馬蹄刷、斜角刷）

在牆壁邊緣或細部塗
刷塗料的工具

油漆提桶

養生膠帶（水泥漆防護膠帶）、
美紋膠帶（遮蔽膠帶）

鋪在黑色漆盤底部，以防塗料黏著或
變乾

塑膠手套
預防雙手沾到塗
料。建議使用沒
有上粉的手套

COLUMN

滾輪刷的種類

滾筒刷可依刷毛的長度分為長毛、中毛與短毛，並根據要塗刷的牆面來區分使用。長毛滾筒刷適合塗刷石塊或磚塊等表面凹凸不平的建材，中毛滾筒刷則是適合塗刷已經鋪設一層 PVC 壁紙或石膏板的牆壁。至於短毛滾筒刷，則是適合塗刷家具頂板或黑板。而這一節我們要塗刷的是牆壁，故使用的是中毛滾筒刷。

作業流程

按照下列步驟塗刷塗料。

修補及清理（P.19）	▶	表面遮護（P.15）	▶	STEP 1 準備塗料

▶	STEP 2 塗刷牆邊	▶	STEP 3 塗刷整個牆面	▶	STEP 4 上第二道塗料

‖ 估算時間 ‖
牆壁一面
180 分鐘

塗料的塗刷方法

這一節我們要以練習用的板子來說明如何塗刷塗料。

STEP 1 準備塗料

1 養生膠帶攤開貼在黑色漆盤內側。
→ memo 1,2

2 將塗料瓶蓋整個蓋緊，上下約搖晃30次。

3 將塗料倒入黑色漆盤中。

---

memo 1

用手將養生膠帶整個攤至黑色漆盤的每個角落。

memo 2

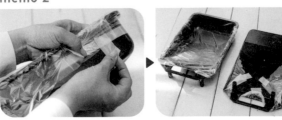

將黑色漆盤的側面及底部貼上一層美紋膠帶，以固定外側的養生膠帶。

STEP 2 塗刷牆邊

1 轉動油漆刷，清理掉落的刷毛。
→ memo 3

2 油漆刷每一面都要沾上塗料，但是根部盡量不要沾到。
→ memo 4

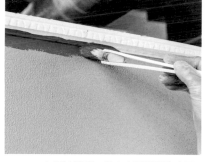

3 立起油漆刷，從上方牆邊開始水平塗刷。→ memo 5

4 若有插座，先做好遮護，再塗刷周圍。→ memo 6

5 塗刷下方牆邊。

6 牆邊上好漆之後，用養生膠帶或保鮮膜將油漆刷包起來，以免上頭的油漆變乾。

---

memo 3

拔除掉落的刷毛。

memo 4

油漆刷沾滿塗料在紙上試刷，盡量不要出現拖絲或留白。

memo 5

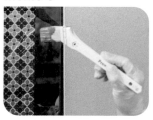

油漆刷的拿法與鉛筆一樣。

memo 6

牆壁以外的地方若是沾到了塗料，要盡量在變乾之前用濕紙巾擦乾淨。

STEP 3　塗刷整個牆面（底漆）

1　搓揉滾筒刷，清理掉落的毛絮。

2　一邊滾動滾筒刷，一邊沾上塗料。把柄部分盡量不要沾到塗料。

3　沾滿塗料之後，滾筒刷會變得非常沉重，外觀也會膨脹起來。

4　從牆壁上大致畫出一個「W」字。上漆時力道過大會留下刷痕，因此滾動滾筒刷時要放輕力道。

5　從邊緣開始塗刷，盡量讓塗上W字範圍的塗料厚度變得平坦。滾筒刷若是拖絲留白，就再沾滿塗料。

6　以相同的方式塗刷整面牆。

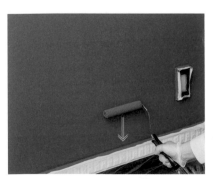

7　整面牆塗刷完畢之後，從距離地板30㎝高的位置向下塗刷。

8　滾筒刷塗到牆底之後再往上塗。整個牆面的塗刷方式相同，完全不見接縫處之後，整面牆的塗刷工作就算結束。

9　晾乾1～2個小時，直到用手摸牆壁也不會沾上塗料為止。剩下的塗料趁還沒變乾時用養生膠帶蓋住。

STEP 4 上第二道塗料

1 與上第一次漆的時候一樣，先用油漆刷塗刷牆邊，再用滾筒刷塗刷整面牆。

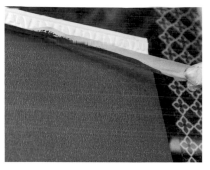

2 上好漆之後再塗料還沒乾之前先從頂部撕下遮護措施，美紋膠帶撕下時要垂直拉扯。

3 晾曬1～2天，塗料整個變乾即可。

COLUMN

收拾塗料

·沒有用完的塗料
塗料以容器盛裝，蓋緊蓋子之後放在通風良好的陰暗處保存。

·黑色漆盤或油漆提桶裡剩餘的塗料
廢棄的塗料用養生膠帶包起來，或倒在舊報紙及舊毛巾裡，包好之後再依當地政府單位規定處理，不可倒回原裝容器裡，更不可隨便倒入排水溝裡丟棄。

·油漆刷與滾筒刷
油漆刷或滾筒刷上剩餘的塗料塗抹在報紙或廢紙上，刷出留白或拖絲之後沖水清洗。接著將水與中性清潔劑倒入水桶中，稀釋之後油漆刷浸泡1天，滾筒刷浸泡2～3天並隨時換水。

塗抹珪藻土

對DIY新手而言，用鏝刀塗抹珪藻土
或許不易，但就算最後完工的成果
不是非常完美，照樣能讓人樂在其中。

泥沙建材的種類

珪藻土為泥沙建材的一種。這類建材另外還有灰泥（漆喰）塗料、夯土牆及砂石壁等種類。

灰泥塗料（漆喰塗料）

在熟石灰裡添加砂石、海菜粉及大麻等材料，混合之後加水調和的塗料，為日本特有的建材，自古以來便是用來興建城郭與倉庫等建築物的建材，今日依舊是外牆、室內牆壁與天花板的飾面材料，或者是當作石塊與磚塊的黏著劑。

夯土牆・砂石壁

夯土牆是用富有黏性的泥土塗抹凝固而成的牆壁，在日本又因為顏色的不同而稱為聚樂壁或鐵鏽牆。砂石壁是將水泥與色粉或帶有光澤的砂石混合之後塗抹在表面上的牆壁，適合用來打造日式風格的空間。

珪藻土

珪藻土是浮游生物死後沉積在海底形成的土壤，只要添加固化劑，就能夠成為泥沙建材。這種塗料為多孔質，具有調濕、除臭等功效，算是有益人體的熱門塗料。

自己用珪藻土塗抹牆面

灰泥塗料與珪藻土最後呈現的成果非常類似，
不過灰泥塗料屬於強鹼性。最近市面上出現了DIY適用的
灰泥塗料，但在處理的時候還是需要多加留意。
與灰泥塗料相比，珪藻土的色彩選項較為豐富，
可以配合房間的風格來選色。我們在這裡使用的是
已經調好的珪藻土，雖然可以直接塗抹在PVC壁紙上，
但牆面若是凹凸不平，表面就會出現紋路。
而在石膏板或板材上塗抹珪藻土之前，
要先將接縫處填平來施工。不過珪藻土怕水，
因此容易遇水沖刷的牆壁盡量不要塗抹珪藻土。

估算珪藻土用量

這是以高2.3m的天花板來估算的用量。算好的用量要記得扣除踢腳板、線板、窗戶以及門的面積。這裡使用的珪藻土每20kg可以塗抹10～15㎡的牆面。

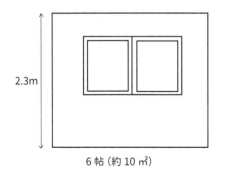

6帖（約10㎡）

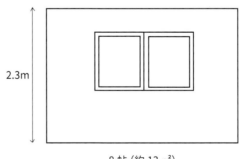

8帖（約13㎡）

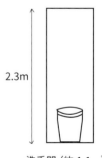

洗手間（約1.1㎡）

6帖（約10㎡）的話
・平均每面牆約需13～17kg
・平均每個空間約需60kg

8帖（約13㎡）的話
・平均每面牆約需17kg
・平均每個空間約需68kg

洗手間（約1.1㎡）的話
・平均每面牆約需4～7kg
・平均每個空間約需22kg

※珪藻土不建議施作在水氣潮濕的地方

材料與工具

在牆面上塗抹珪藻土時會用到的材料與工具。

估算費用

材料 10,000 日圓
（10～15 m² 的牆壁一面）

工具 4,000 日圓

材料

珪藻土

使用的是已經調好的珪藻土，但這裡頭沒有任何用於保存的添加物，因此使用期限為一週。

工具

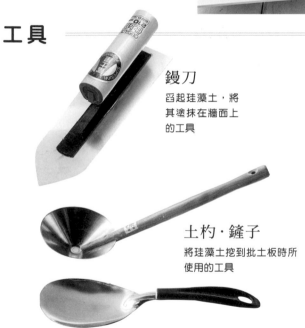

鏝刀

舀起珪藻土，將其塗抹在牆面上的工具

土杓‧鏟子

將珪藻土挖到批土板時所使用的工具

批土板
（補土板）

用來盛放珪藻土的板子。可單手托拿

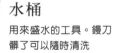

水桶

用來盛水的工具。鏝刀髒了可以隨時清洗

COLUMN

鏝刀的種類

鏝刀通常都是尖頭的，不過泥作師傅都會根據塗料的材質、形狀及工程的收尾方式，從各式各樣的鏝刀當中挑選適用的樣式。有些鏝刀可以在陰角（凹進去的牆角，又稱內角）或者是陽角（凸出來的牆角，又稱外角）上批抹，但對門外漢來講比較不容易操作。

作業流程

按照下列步驟塗抹珪藻土。

修補及清理（P.19） ▶ 表面遮護（P.15） ▶ **STEP 1** 準備塗抹珪藻土

▶ **STEP 2** 鏝刀的使用方法 ▶ **STEP 3** 在牆面上塗抹珪藻土 ▶ **STEP 4** 修飾收尾

估算時間
牆壁一面
180分鐘

珪藻土的塗抹方式

接下來要說明如何在半腰壁板上半部的牆面塗抹珪藻土。慣用左手的人就換手進行。

STEP 1 準備塗抹珪藻土

1 遮護時，牆壁要先預留珪藻土塗抹的厚度空間（約2mm），再貼上美紋膠帶。

2 手指用力壓貼美紋膠帶，邊角要貼滿。→ memo 1

3 用鏟子舀起珪藻土，盛放在補土板前方（邊角呈圓弧狀的那一邊）。→ memo 2

---

memo 1 ——

遮護時邊角若是懸空，最後完工會不夠漂亮。

memo 2 ——

肌膚較為敏感的人可先戴上一層塑膠手套，以防萬一。

memo 3 ——

鏝刀反過來拿的握法請如圖。

memo 4 ——

手拿補土板時手肘要緊靠著身體，以免補土板搖晃。

STEP 2 鏝刀的使用方法

1 右手食指與中指夾住鏝刀柄頭，大拇指貼放在把柄上。→ memo 3

2 左手拿著補土板。→ memo 4

3 用鏝刀大致分切出要塗抹的珪藻土分量。

4 直接將鏝刀推向前方。

5 手腕朝外翻，同時豎起補土板，把珪藻土舀起來。

6 塗抹時鏝刀要稍微傾斜，懸空將珪藻土塗在牆面上。整個壓貼在牆壁上的話，塗抹時鏝刀會不易滑動。

COLUMN

沾在鏝刀上的珪藻土要立刻清洗

沾在鏝刀上的珪藻土只要一乾就會掉落，不然就是把已經塗抹好的牆面弄髒。故鏝刀若是被珪藻土弄髒，就要立刻放進水桶裡用水清洗，或者盡量擦拭乾淨。另外，珪藻土不可以放水流，更不可以當作可燃垃圾丟棄。殘留在水桶裡的珪藻土處理時要先倒掉上層的清水，之後再遵照當地政府單位的指示處理。

STEP **3** 在牆面上塗抹珪藻土

1 從牆面的左上角開始塗佈。在伸手可及的範圍內（寬70cm×長50cm左右）由左向右塗抹珪藻土。

2 塗抹到右側之後，鏝刀稍微往回拉再離牆，接著再從左側塗抹出約2mm的厚度。

3 步驟1的範圍塗完之後，接著塗抹牆邊。鏝刀垂直貼放在左側，彷彿要在縫隙中塞入珪藻土般塗抹。

4 鏝刀反過來拿，利用尾端將珪藻土填入牆面的左上角內。
→ memo 3

5 接著將鏝刀橫放在牆頂，將珪藻土填入牆縫中。

6 第一個塗佈的部分完成。

7 依照相同手法重複局部塗佈，讓整片牆面塗滿珪藻土。右側及下方的牆縫都要填入珪藻土。

8 牆面的右下角用鏝刀尾端將珪藻土填入牆縫中。

9 整面牆塗抹完畢之後，檢查是否有疏漏之處，以及厚度是否均勻。珪藻土若是變乾，那就用噴霧器噴水，趁牆面濕潤的時候塗抹修補。若不需要補修，那麼塗抹工作就算告一段落。

STEP 4 修飾收尾

鏝刀從表面輕抹而過，就能畫出自然的線條。

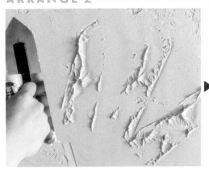 

鏝刀先在表面壓出痕跡，接著再輕輕塗抹，就能夠做出凹凸不平的紋飾。但是凹凸不平的地方太多反而會非常容易囤積灰塵，要留意。

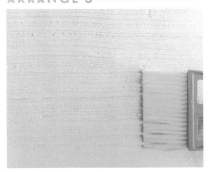

小掃把沾水從牆面輕撫而過，這樣就能夠營造出日式氛圍了。

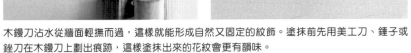

木鏝刀沾水從牆面輕撫而過，這樣就能形成自然又固定的紋飾。塗抹前先用美工刀、錘子或銼刀在木鏝刀上劃出痕跡，這樣塗抹出來的花紋會更有韻味。

〈完成〉

整個牆面完成塗抹之後，要趁珪藻土還沒變乾之前撕下美紋膠帶，但是要慢慢撕，因為一口氣撕下來的話珪藻土反而會剝落。珪藻土完全乾燥需要3天的時間，這段期間要讓房間保持通風，使其乾燥。

用木板施作半腰壁板

用木材施作的牆壁能夠營造出
和煦溫暖的氣氛。而這一節要介紹
就算是DIY新手，也能夠輕鬆用
三合板施作半腰壁板的方法。
所謂的半腰壁板（腰牆），所指的是
從地面到腰部的這段牆面。

關於本節要施作的半腰壁板

施作半腰壁板時，木飾板通常會選擇「企口板」。
企口板所指的是木板兩側
採用榫接技法（P.59）加工的木板。
這種木板在排列時要將榫頭卡進榫孔裡，
經常用來鋪設木飾板或木頭地板。
不過這一節用的並不是企口板，而是可以輕鬆取得的
三合板（P.70）。首先在三合板的兩側削出斜角，
用雙面膠鋪貼在牆面上之後，
再用雙面膠與隱形釘固定裝飾鑿溝，
這樣就能夠輕鬆鋪設出半腰壁板了。

改變木板鋪設方向，整體氛圍也大不相同

木板要直排還是橫排、要不要塗裝、整面牆都要鋪還是要做成半腰壁板，
都會影響整體空間的氣氛。木板直鋪的話，筆直的線條會讓天花板顯得高挑；
橫排可以讓房間看起來更深更廣。所以根據想要展示的空間大小來決定木板的鋪設方向。

直鋪的木板

橫排的木板

估算木板用量

估算的是長860㎜×寬92㎜×厚3㎜的木板直排鋪設半腰壁板所需的用量。算好的用量要記得扣除窗
戶及門的面積。

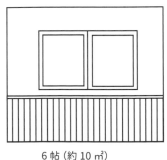

6帖（約10㎡）

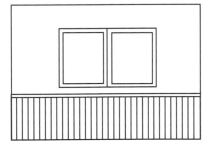

8帖（約13㎡）

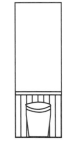

洗手間（約1.1㎡）

6帖（約10㎡）的話
・平均每面牆約需30～40片
・平均每個空間約需140片

8帖（約13㎡）的話
・平均每面牆約需40片
・平均每個空間約需160片

洗手間（約1.1㎡）
・平均每面牆約需9～16片
・平均每個空間約需50片

※木飾板不建議施作在水氣潮濕的地方

材料與工具

施作半腰壁板時會用到的材料與工具。

材料

柳安木三合板
（長 860 ㎜ × 寬 92 ㎜ × 厚 3 ㎜）
當作半腰壁板的板材來使用

木蠟油
塗抹在三合板上的
木板塗料

裝飾鑿溝（長 1200 ㎜ × 寬 40 ㎜）
施作在半腰壁板頂部的裝飾木材

隱形釘
用來固定裝飾鑿溝的材料。
這一節要使用三根

工具

捲尺
用來測量半腰壁板施作位置的高度

雙面膠
將三合板固定在牆面
上的工具。建議使用
「超強力」雙面膠

打磨機（拋光機）
塗裝前用來打磨三合板
表面的工具

倒角刨（修邊刨）
用來刨削三合板兩側邊角
的工具

廢布
將塗料塗抹在三合板
上的工具

錐子
在裝飾鑿溝上打隱形釘
之前用來鑽孔的工具

玄能鎚
將隱形釘打在裝飾鑿溝
上時所使用的工具

作業流程

按照下列步驟施作半腰壁板。

修補及
清理（P.19）　▶　**STEP 1**
準備板材　▶　**STEP 2**
施作半腰壁板

估算時間

牆壁一面
180 分鐘

半腰壁板的施作方式

接下來要說明如何施作半腰壁板。

STEP 1　準備板材

1 用捲尺測量要施作半腰壁板的牆面
尺寸，設置比例分配。

2 三合板準備好之後，長邊稜角加工
削成斜面。→ memo 1

3 塗裝前先用打磨機在三合板的表面
上打磨。

4 廢布沾上木蠟油之後，沿著三合板
的木紋塗抹。裝飾鑿溝的凹槽也要
整個塗抹上木蠟油。

5 木蠟油乾了之後將三合板翻過來，
兩側貼上雙面膠。

memo 1

木板側邊削成斜面，讓紋路更
清晰。

STEP 2 施作半腰壁板

1 撕下三合板上的雙面膠離型紙,從牆邊開始鋪貼板材。

2 依序鋪貼三合板,不過現階段先大致鋪貼,待會兒再移動調整。

3 收邊板材視情況用刨刀修整寬度。全部貼好之後,將三合板壓貼在牆上。

4 裝飾鑿溝內側貼上雙面膠,鋪貼在三合板頂部。

5 以3塊三合板為一個間隔,用錐子在裝飾鑿溝上鑿底孔。

6 打好底孔之後釘上隱形釘。

7 用玄能鎚從旁將隱形釘頭敲落。

8 這樣就看不見釘子了。

9 所有的隱形釘頭都敲落之後,半腰壁板就大功告成。

Chapter 2

自己翻修地板

地板是一個雙腳經常觸碰的地方。因此當我們在挑選材料時，
除了設計，還要將房間的用途以及腳底踩踏的觸感納入考量之中。
這一章要說明的是PVC地磚、地板貼與木頭地板的鋪設方式。
這些都是可以直接在原本的地板上鋪設的材料。

在翻修地板之前

在翻修地板之前，我們要先說明地板飾材的種類。
本書介紹的地板翻修方式與牆壁一樣，也就是將材料直鋪在原本的地板上。
不過原本的地板若有偏大的孔洞或是高度落差，就不適用這裡要介紹的方式了。

地板飾材的種類

地板的飾面材料有下列這幾種。

PVC地磚

這是一種宛如軟墊、以PVC為材質的片狀地板材，能鋪設出看不出交接處的地面。耐水性佳，而且不易沾上汙垢。→PVC地磚的鋪貼方法見P.50

地板貼

以PVC為材質的拼貼式地板材，有仿木紋及仿石紋。持久又防水，經常用來鋪貼店面地板。
→地板貼的鋪設方法見P.57

木頭地板

木板材質的地板材，可以分為將整塊原木加工裁切的「實木板」與將裁切成薄片的木料拼貼的「集層材」。
→木頭地板的鋪設方法見P.63

榻榻米

日本傳統的地板材，主要用來鋪設和室。表面由燈心草編織而成，通風、保溫及隔音效果佳，觸感柔和，不易傷腳。

COLUMN

其他地板飾材

地板飾材還包括了地毯與花磚。地毯隔音效果佳，安全性高，適合有老年人與小孩的空間，不過最近大多以方便的小地毯或者是地墊為主流。磁磚通常用來鋪設浴室或洗手間地板，不過一體成型的系統式衛浴（整體衛浴）有日漸增加的趨勢，故在這類用水區域鋪貼磁磚的情況也就越來越少了。

地毯

磁磚（陶瓷磚）

這一節要介紹的
地板飾材

下一頁我們要介紹PVC地磚、地板貼
與木頭地板的施工方法。
更換地板飾材的方法與牆面一樣,
要先清理原本的飾面材料之後再施工。
不過這裡我們要使用的是不需上釘或上膠、
直接在原本的地板上重疊鋪設的材料。
但因施工方法輕便簡單,故要定期維護保養。
原來的地板若是榻榻米或地毯,
甚至地面有嚴重損傷或高低落差的話,
就不適合採用直鋪這個施工方法了。

鋪設木頭地板

適合重疊直鋪的飾面材料組合表※1

原本的地板 ＼ 全新的地板	PVC 地磚	地板貼	木頭地板
PVC 地磚 ※2	△	△	△
地板貼	○	○	○
木頭地板	○	○	○

※1 有些情況不適用本表格。建議大家在使用材料之前
　　先閱讀說明書。

※2 直接在PVC地磚上鋪設施工的話,踩踏地板時會有
　　種下陷的感覺。

作業之前的清理工作

本節介紹的地板翻修方法
不需先下底板,不過動工之前要用吸塵器
或地板專用清掃工具將垃圾及灰塵清理乾淨。
地板若是太髒,那就和牆壁一樣
用中性清潔劑噴灑清理。

鋪貼
PVC地磚

PVC地磚是一種材質柔軟
具緩衝性的地板材，
經常鋪設在洗手台或洗手間等
容易遇水沖刷的地板上。
而這一節要介紹在洗手間地板上
鋪貼PVC地磚的方法。

什麼是PVC地磚

PVC地磚這種地板材以聚氯乙烯為材質，
厚度以1.8～3.5㎜居多，內外側之間
夾著一層發泡PVC當作緩衝材，
以富彈性、耐衝擊為特徵，
加上防水好清理，故經常鋪貼在洗手台、
洗手間或廚房等容易遇水沖刷的地板上。
花色豐富，可讓房間的印象整個煥然一新。

關於鋪貼 PVC 地磚

專業人士在鋪貼地磚時，通常都會先將
原本的地板建材拆除乾淨，接著再
用強力黏著劑將 PVC 地磚鋪貼在地板上。
不過我們在這裡要介紹的方法，
是用 PVC 地磚專用的雙面膠直接將其
鋪貼在原本的地板上，以方便日後將地板
恢復原狀。除非原本的地板鋪設的是
榻榻米或地毯，不然原則上都可以直接
鋪貼 PVC 地磚。不過混凝土與水泥砂漿的
地板可能會破壞雙面膠的黏著力，
故當我們在將 PVC 地磚鋪貼在磁磚等
表面凹凸不平的地板時，必須先將地面整平。
另外，PVC 地磚直鋪在原本的地板上時，
地板整個高度會被拉高。故在施工之前，
記得先確認房門及側拉門在開關時不會受到影響。

估算 PVC 地磚用量

這裡使用寬 182 cm 的 PVC 地磚。估算所需長度時，要再加上 5 cm 左右的預留部分。
而鋪貼的方向不同，所需的用量也會跟著改變。

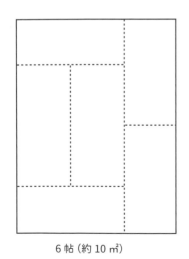

6 帖（約 10 ㎡）

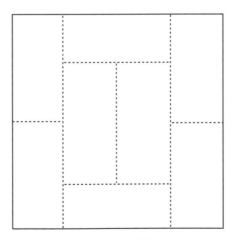

8 帖（約 13 ㎡）

洗手間（約 1.1 ㎡）

6 帖（約 10 ㎡）的話
・約 8m

8 帖（約 13 ㎡）的話
・約 12m

洗手間（約 1.1 ㎡）的話
・約 1.5m

材料與工具

鋪貼PVC地磚時會用到的材料與工具。

材料

PVC地磚

這裡準備的施作地板大小是配合工作坊使用的木框尺寸

工具

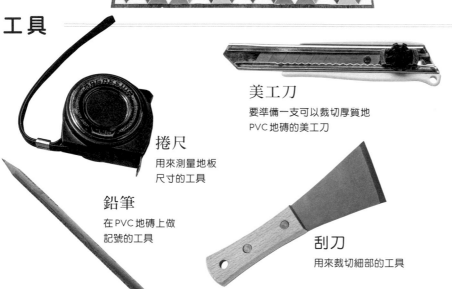

美工刀
要準備一支可以裁切厚質地PVC地磚的美工刀

切割導尺
可在裁切部位摺出線條，或者當作美工刀的裁切引導工具

捲尺
用來測量地板尺寸的工具

鉛筆
在PVC地磚上做記號的工具

刮刀
用來裁切細部的工具

雙面膠
用來固定PVC地磚的工具。需準備專用的雙面膠

作業流程

按照下列步驟鋪貼PVC地磚。

清理（P.49）▶ **STEP 1** 裁切出地板形狀

▶ **STEP 2** 沿著馬桶底部形狀切割 ▶ **STEP 3** 裁切陰角 ▶ **STEP 4** 沿著牆壁切割

PVC 地磚的鋪貼方法

我們在這一節要利用工作坊模擬洗手間的木框來解說。

STEP 1 裁切出地板形狀

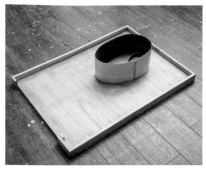

1 用捲尺測量地板的長寬、洗手間入口處的寬度、牆壁到馬桶前端的距離。→ memo 1

2 步驟1量好尺寸之後，周圍要多加5㎝的預留部分再裁切PVC地磚。

3 PVC地磚鋪設在地板上時先與預留部分對齊再反摺。反摺部分對準馬桶前端，在距離地面約2㎝高的位置上用鉛筆在PVC地磚上做記號。

4 美工刀刺入畫上記號的地方，筆直往回切割。→ memo 2

5 裁切出可以放入馬桶的切口之後，先暫時移開PVC地磚。

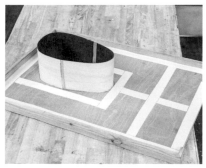

6 在牆邊、馬桶周圍、入口處，以及馬桶到入口處的中間位置貼上雙面膠，接著在馬桶至入口處的正中央再垂直貼上一條暫時用來固定PVC地磚的雙面膠。

7 馬桶前端與步驟4的切口前端的位置對齊。

memo 1

在測量牆壁到馬桶前端的距離時，可以在馬桶旁邊放一支量尺。

memo 2

PVC地磚的表面平滑，不易切割，故要從背面裁切。

8 接著筆直對齊其中一側牆邊。

9 撕下垂直貼在馬桶至入口處正中央的那條暫時用來固定PVC地磚的雙面膠離型紙。

10 輕壓表面，暫時黏著固定。

STEP 2 沿著馬桶底部形狀切割

1 沿著馬桶底部的形狀，從前端將PVC地磚裁切成鋸齒。

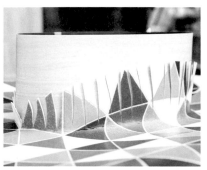

2 劃入切口時，馬桶前端弧度較大的部分要間隔1cm，後方弧度較小的部分間隔2～3cm。

3 切割導尺沿著馬桶底部壓出摺痕。

4 美工刀貼放在切割導尺上，沿著馬桶底部大致裁切。→memo 3

5 撕下馬桶底部周圍的雙面膠離型紙。馬桶後方與STEP 1之步驟5劃上的切口對齊之後黏著固定。
→memo 4

6 刮刀壓在地板上，沿著馬桶底部裁修細部。→memo 5

STEP **3** 裁切陰角

1 位在陰角的PVC地磚配合牆角角度往內摺。→ memo 6

2 摺好之後用鉛筆在頂端做記號。

3 在有打上記號的地方將邊角裁剪下來。四個角按照相同方式裁切。

STEP **4** 沿著牆壁切割

1 切割導尺貼著牆壁,壓出摺痕。

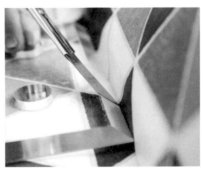

2 美工刀貼放在切割導尺上,沿著牆線大致裁切。刀片必須整個貼放在切割導尺的斜面上。

3 撕下貼在牆邊的雙面膠離型紙,PVC地磚固定之後再用刮刀壓貼。

---

memo 3

立起美工刀,貼放在切割導尺的斜面上裁切。

memo 4

對好花色之後再黏著固定。

memo 5

這裡也要立起美工刀裁切。

memo 6

摺好的邊角從前面看的時候會是這個樣子。

4 刮刀壓住細部裁切。其中一邊裁好之後，就將橫貼在馬桶與入口處中間的雙面膠離型紙撕下，固定PVC地磚。

5 重複步驟1～4，裁切牆邊剩下的PVC地磚。入口處的凹凸部分要沿著突出的牆邊筆直裁切。

6 在處理和照片一樣的細部時不要用切割導尺，要用刮刀壓住再裁切。

7 PVC地磚因為反摺而形成的皺摺用吹風機加熱壓平。

8 所有牆面與入口處的PVC地磚裁切下來，用雙面膠固定後即可。

COLUMN

完美鋪貼需要練習

即便是專業人士，在洗手間鋪貼PVC地磚同樣是一件不容易的事。

因為馬桶的形狀琳瑯滿目，而且施工地點若有牆壁，馬桶後方以及水箱底下會因為空間過於狹窄而不好鋪貼。想要貼得漂亮，勢必要多練習。

施工處如果是洗手間或玄關等空間比較狹窄的地方，那麼練習時建議大家多準備一些PVC地磚，在正式鋪貼之前多挑戰幾次。要是知道自己不太會處理的地方，那麼就多加練習看看。

練習時鋪貼的PVC地磚如果能當作紙樣來使用，正式鋪貼時就會更加得心應手。

拼接地板貼

地板貼是一種耐磨、防水又耐髒的地板材。
拼接時只要事先設置比例分配，
就能和磁磚一樣緊密鋪貼，即使沒有特別技巧，
施工起來照樣輕鬆無比。

什麼是地板貼

地板貼是以聚氯乙烯為材質的拼板式地板材。
表面印著木頭紋理或仿石材的花色，質感相當逼真。
就算穿鞋在上面走也不會刮傷地板，而且耐久性強，
是店家經常鋪貼的地板材。不過地板貼又硬又冷，
故不適合鋪設在長時間打赤腳的地方。
地板貼與一大片的地板材不一樣，
需要逐片拼貼，因此可以部分更換。
這一節我們要介紹不需上膠的地板貼，
原則上可以鋪設在任何一種地板上。

地板貼的拼接方法

地板貼有兩種拼接方法。木頭地板也是一樣。
而這一節我們要教大家亂花拼這種拼接方式。

亂花拼

將第一排剩餘的地板貼挪到下一排的拼接
方式。這麼做比較不會耗損材料。

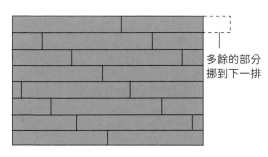

多餘的部分
挪到下一排

1／2拼

測量中心點，均等拼接的方法。每一排要
錯開一半。

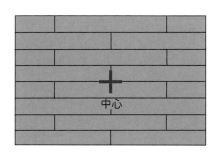

中心

估算地板貼用量

估算的是長1280㎜×寬180㎜×厚5㎜的地板貼在採用亂花拼時所需的用量，
另外我們還需要準備一把切割導尺（P.60）。準備的片數要比估算的多一些，
以防裁切時有所誤差。洗手間的話因為馬桶周圍不易裁切，故不納入本節中解說。

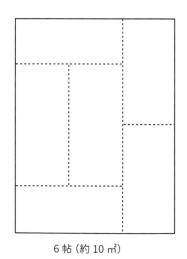

6帖（約10㎡）

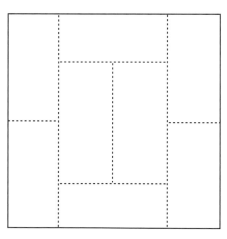

8帖（約13㎡）

6帖（約10㎡）的話

・約44片

8帖（約13㎡）的話

・約58片

材料與工具

拼接地板貼時會用到的材料與工具。

估算費用

材料 35,000 日圓
（10 m² 的地板一面）

工具 1,500 日圓

材料

PVC 地板貼
（長 1280 mm × 寬 180 mm × 厚 5 mm）

這一節要教大家如何不上膠直接鋪設地板貼

工具

老虎鉗
用來凹折細部的工具

捲尺
用來測量地板
尺寸的工具

美工刀
用來在地板貼上劃入
切口的工具。先準備
一把可以裁切質地厚
實地板貼的美工刀以
及替換刀片

COLUMN

地板貼的舌槽

地板貼周圍有條舌槽（照片中的灰色橡膠部分）。
舌槽是板材周圍的凹凸部分。在銜接板材時，
扮演著讓板邊緊密咬合不脫離的功能。
而這樣的舌槽也會出現在
下一個要介紹的木頭地板上。

作業流程

按照下列步驟拼接地板貼。

清理（P.49） ▶ **STEP 1** 分配比例，準備切割導尺

▶ **STEP 2** 拼接地板貼 ▶ **STEP 3** 收邊處理

〝 估算時間 〞
地板一面
180 分鐘

地板貼的鋪設方法

接下來說明鋪設地板貼的方法。

STEP 1 分配比例，準備切割導尺

1　用捲尺測量地板尺寸，估算需要的數量。

2　地板貼暫時鋪在地板上，設置比例分配。→ memo 1

3　取一片地板貼，將舌槽部分全都裁切下來，當作導尺。
→ memo 2

---

memo 1

因為要採用亂花拼（P.58），因此分配、錯開板材時，要考量每排最後一片地板貼的裁切部分。最後一排的寬度也要先大致確認。

memo2

在用美工刀裁切材料時，導尺可以當作引導工具來使用。

STEP 2 拼接地板貼

1 第一排地板貼頂著牆壁那一側的舌槽全部裁落備用。從左邊開始拼接第一片。

2 第二片地板貼對準舌槽，傾斜45度嵌入（請參照步驟5）之後，繼續拼接第一排。

切割導尺

3 第一排最後一片地板貼與前一片對齊之後疊放在上。切割導尺緊靠牆邊，疊放在最上面之後，再用美工刀沿著左側劃入切口。
→ memo 3

4 慢慢扳折劃入切口的地方。

5 裁切的那一側靠牆，從邊緣嵌入。第一排地板貼拼接完畢。

6 裁切剩下的部分用來鋪設在第二排的開頭。

7 第二排以後重複步驟2～6，拼接時盡量不要有縫隙。→ memo 4

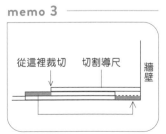

memo 3

從這裡裁切　切割導尺　牆壁

疊放的順序為倒數第二片、最後一片及切割導尺。圖中的灰色部分為最右側的地板貼。

memo 4

嵌入時若是敲打地板貼，有時反而會讓舌槽損傷，要小心。舌槽若是破損，該片地板貼就不要再使用。

STEP 3 收邊處理

切割導尺

1 鋪設在最後一排的地板貼與前一排的地板貼對齊疊放之後，切割導尺緊靠牆邊，疊在上面。

2 美工刀沿著切割導尺在疊放的地板貼上劃入切口。

3 地板貼割好之後，裁切面向壁嵌入牆邊，接著再按照相同方式拼接最後一排。

4 牆壁若凹凸不平就配合形狀劃入切口。無法用手扳折的地方就改用老虎鉗剪裁。

5 地板貼鋪設的地板完工。

鋪設木頭地板

一般住宅的地板飾材當中，最受歡迎的就是木頭地板，
因為原木地板不僅擁有自然的優美紋理，
還有一股怡人的木頭香。
而這一節我們要使用的是不需上釘的木頭地板。

關於本節使用的
地板條

鋪設木頭地板時，要先在地板上鋪設一層三合板當作底板，
接著再以上膠與上釘的方式來固定地板條。
但是對DIY新手而言，這種施工方式不僅難度高，
更不適合鋪設在必須恢復地板原狀的租賃房屋，
因此這一節我們要使用不需上釘上膠，
只要打上舌槽就能夠施工的「直貼式杉木地板條*」。
這種木頭地板背面貼了一層橡膠墊，如此一來就不需要
擔心隔音問題了。只要原本的地板不是榻榻米或地毯，
就能直接在上頭鋪設木頭地板，但像PVC地磚這類
以PVC為材質的地板材可能會變色，
故在鋪設木頭地板之前要先墊層紙才行。

＊日文商品名：ユカハリ・フローリング ジカバリ すぎ

木頭地板所使用的樹種

適合裁切成原木地板條的樹種可以分為杉木、檜木與松木等針葉樹，
以及橡木、栗木與柚木等闊葉樹。
針葉樹木質強韌，容易加工而且價格低廉，適合DIY；
而闊葉樹大多木質剛硬，因此價格會比針葉樹高。
另外，闊葉樹質地堅硬，故不適合用鋸子等工具裁切加工。

樹種	名稱	原產地	特性
針葉樹	杉木	日本	木質輕軟，容易加工及破裂。紋路鮮明，香氣獨特
	檜木	日本	木理筆直少彎曲，加工性佳，香氣獨特強烈
	松木	北美、歐洲	色澤明亮偏白，木質柔軟，但節眼較多
闊葉樹	橡木	日本、中國	木質堅硬富彈性，易破裂
	柚木	東南亞	防水性佳，為有點偏亮黃色的咖啡色

估算木頭地板用量

估算長900㎜×寬100㎜×厚13.5㎜的木頭地板在採用亂花拼（P.58）時所需的用量，
準備的片數要比估算的多一些，以防截鋸時有所誤差。
洗手間的話因為馬桶周圍的木板不易裁切，故不納入本節中解說。

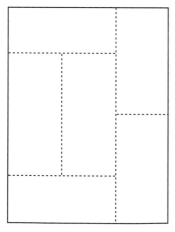

6帖（約10㎡）

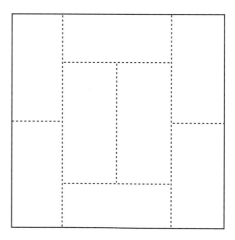

8帖（約13㎡）

6帖（約10㎡）**的話**
・約108片

8帖（約13㎡）**的話**
・約144片

材料與工具

鋪設木頭地板時會用到的材料與工具。

材料

木頭地板材

（長900㎜×寬100㎜×厚13.5㎜）

這一節我們要使用的是不需上釘與上膠的
木頭地板材

工具

捲尺

用來測量地板尺寸的工具

鋸子

用來截鋸木頭地板材的工具。本節
使用的是橫斷鋸與縱斷鋸這兩種

角尺

用來測量尺寸或
做上記號的工具

砂紙

用來打磨、微幅調整木頭地板
材長度的工具。這裡使用的號
數是180號

木工夾

截鋸木頭地板材時，將其
固定在工作檯上的工具

木塊（邊材）

拼排木頭地板時
用來敲邊的工具

雙面膠

收邊時用來固定
地板材

COLUMN

鋸子的鋸齒分類

鋸子分為「橫斷鋸」與「縱斷鋸」，
一個是截鋸方向與木紋呈垂直方向，
一個是截鋸方向與木紋呈平行方向。
橫斷鋸的刀刃尖角較小，以左右互相交錯、
角度偏大的切削角為特徵（見右圖）。
刀刃尖角左右外擴的部分稱為「刀背斜角」。

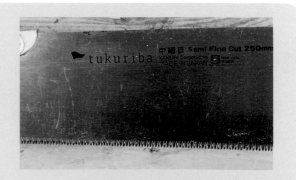

作業流程

按照下列步驟鋪設木頭地板。

清理（P.49） ▶ STEP **1**
鋪設第一排

▶ STEP **2**
鋪設第二排之後 ▶ STEP **3**
收邊處理

估算時間

地板一面
180分鐘

木頭地板的鋪設方法

接下來要說明鋪設木頭地板的方法。與地板貼一樣採用亂花拼。

STEP **1** 鋪設第一排

1 用捲尺測量地板尺寸，估算需要的數量。木頭地板暫時從房間的右後方鋪設，設置比例分配。
→ memo 1

2 在右後方鋪設第一片木頭地板後，接著將第二片木頭地板的舌槽卡進第一片中排列。後續如法炮製，完成第一排。

3 第一排的最後一片木頭地板與牆邊對齊，左右反過來，稍微往下移。角尺對準前一片木頭地板的尾端之後，在最後一片要鋪設木頭地板上畫線。

memo 1

原木木材的花色並不一致，所以要注意讓整體看起來協調。

COLUMN

木頭地板的邊端處理

第一排的木頭地板試排之後，房間左側剩下的空間會不到200mm，這樣不僅不美觀，板材也會容易脫落。這種情況要稍微截鋸鋪設開端（右側）的木頭地板，盡量讓左側剩餘的空間超過200mm。

4 用橫斷鋸截鋸木板。→ memo 2,3

5 將鋸好的木頭地板嵌入邊緣。

6 若是放不進去，就用砂紙打磨，微調長度。

STEP 2 鋪設第二排之後

1 截鋸下來的木頭地板鋪放在第二排的開頭，繼續嵌入第二片。

2 用木頭從旁敲打，好讓木材之間的縫隙更加緊密。→ memo 4

3 重複步驟1～2，繼續鋪設第二排以後的木頭地板。在鋪設每一排的最後一片木頭地板時，方法要比照STEP 1的步驟3～6。

memo 2 ————————

截鋸木頭地板時要用木工夾將板材固定在工作檯上（P.74）。

memo 3 ————————

準備截鋸時，先用大拇指的指甲扶著鋸子側面，刀刃筆直落放在木頭地板上，一切就緒之後再將手指移開。

memo 4 ————————

木頭在梅雨季節容易膨脹，故要好好敲打。

STEP **3** 收邊處理

1 最後一排的寬度通常會與剩下的空間不合。因此要先將地板材靠牆擺放，量好最後一排的寬度之後，再用角尺在截鋸的位置上做記號。

2 根據步驟1做下的記號，用角尺在截鋸位置上畫線。→ memo 5

3 木工夾固定住木頭地板之後，再用縱斷鋸沿著直線截鋸。→ memo 6

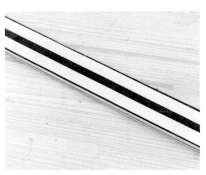

4 最後一排用雙面膠固定。木頭地板鋸好之後，背面貼上雙面膠並撕下離型紙。

5 鋸好的木頭地板嵌入最後一排。如果塞不進去的話就用銼刀削磨，調整寬度。

6 重複步驟1～5，鋪完最後一排之後，木頭地板即算大功告成。

---

memo 5

板材邊緣對準刻度，移動角尺接續往下畫，就能畫出直線。

memo 6

在這裡要沿著木紋截鋸，故要使用縱斷鋸。

Chapter 3

自己改造
收納家具

只要學會木工，就能夠依照個人喜好製作家具。

這章我們要為大家說明安裝層架、製作電視櫃與縫隙推車等收納家具，

以及在家具上鋪貼磁磚與塗裝上漆的方法。

這些都是製作收納家具的基本技巧，只要學會就能無限應用。

木工的基本知識

接下來要以木工方式來製作層架及收納家具。

首次挑戰木工的人，先認識會用到的材料，也就是木材、工具以及使用方法。

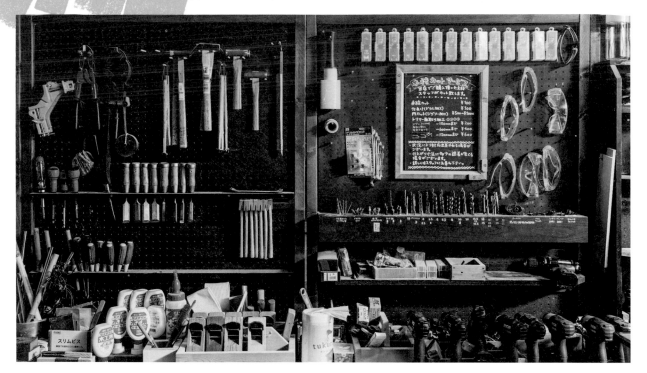

板材的種類

木工時所使用的板材有實木、集成材與三合板。

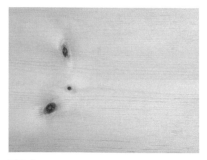

實木

將整塊原木裁切成所需尺寸的木材。這種板材保留了天然木原有的觸感，但也非常容易斷裂或出現裂縫。實木能調節濕度，氣候潮濕時會吸水膨脹，但在乾燥的日子裡又會因為水分蒸發而乾縮。

集成材（集層材）

集成材是用木料拼接而成的板材，使用的木材有松木、赤松與水曲柳。與實木相比，較不容易翹曲或乾縮，經常用來製作大型家具。表面修飾過後相當美觀，亦可用來製作層架或桌板。

三合板（多層板、三夾板）

三合板是用薄木片堆疊膠貼製成的木材，每張木片的纖維方向垂直交錯。這種板材大多以柳安木為材料，物美價廉強度高，但因表面粗糙，故常施作在較不醒目的地方，例如當作背板或底板來使用。

何謂1吋材、2吋材

DIY時經常使用的「1吋材、2吋材」
是木材尺寸的規格統稱。照理說，
2×4的角材應該是指厚2英吋、寬4英吋的木條材，
但以釐米規格來表示時，實際尺寸卻是厚38㎜×寬89㎜。
1英吋為25.4㎜，然而實際尺寸反而不合，
其實這是木材乾燥收縮後的尺寸。
至於長度，則是以英尺為單位來準備，
而DIY最常用的長度為910㎜（3尺）與1820㎜（6尺）。
樹種方面，因為使用的是雲杉木（Spruce）、松木（Pine）
與杉木（Fir），故取其頭文字，簡稱為「SPF木材」。

1×6的SPF木材

1吋材、2吋材的尺寸

1吋材	厚×寬(mm)	2吋材	厚×寬(mm)
1×4	19×89	2×4	38×89
1×6	19×140	2×6	38×140
1×8	19×184	2×8	38×184
1×10	19×235	2×10	38×235

木材裁切圖

家居建材行販售的木材
通常會按照上述規格尺寸來販賣，
故裁切時必須配合我們需要的大小才行。
木材可以委託購買的家居建材行切割，
但須先向對方說明尺寸有多大，要怎麼裁切。
而此時能派上用場的就是「木材裁切圖」。
木材裁切圖裡畫的是各種材料的裁切位置。
例如右圖就是P.76收納盒的木材裁切圖。
只要能夠畫出這樣的圖，
木材在裁切的時候就會更順利。

1×6　SPF木材　1820mm

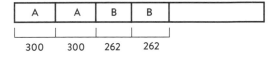

柳安木三合板　910mm×1820mm

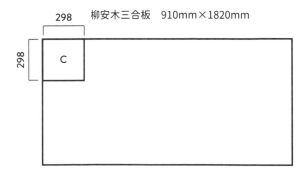

木工基本工具

這一節我們要介紹木工DIY新手務必準備的基本工具。
不過電動類工具價格較高，故建議大家向家居建材行租借，
或者是利用DIY材料店的手創租借區。

測量工具

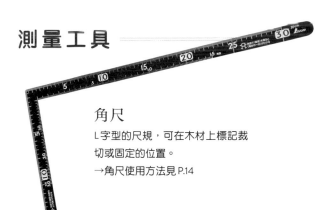

角尺

L字型的尺規，可在木材上標記裁切或固定的位置。

→角尺使用方法見 P.14

刨削工具

刨刀

用來刨削木材，使其表面及邊角更加平滑。在針對細部加工時，小型的迷你刨刀較實用。

裁切工具

有的話會更方便！

線鋸機（曲線鋸）

線鋸機是電鋸的一種，除了直線，還能按照曲線裁切板材。木材與金屬有不同的鋸條，而在裁切直線或曲線時也要用不同型號的鋸條來處理。使用時要戴上護目鏡，保護眼睛。

鋸子

有與木紋呈平行方向截鋸的「縱斷鋸」，以及垂直截鋸木紋的「橫斷鋸」。橫斷鋸的鋸齒大小以「中齒」較為普遍，若想讓裁切面漂亮一點，那就用「細齒」。

固定板材的工具

木工白膠

製作家具時，在上釘或鎖木螺絲之前先用木工白膠固定的話能夠增加強度。

木工夾

鎖螺絲時將木材固定在桌上的工具，也能用來夾壓上膠的零件。

→木工夾使用方法見 P.74

鑽孔、鎖螺絲的工具

錐子
可在板材上鑽洞的工具。在進行木工時，可事先鑽出上釘或鎖螺絲的底孔。

電鑽
以電動的方式鑽孔或鎖螺絲的工具，工作效率高，事半功倍。只要變換鑽頭，就能夠鑽出各種大小的孔洞或者鎖上不同螺絲。
→電鑽使用方法見 P.75

 適合老手！

螺絲起子
手動拆鎖螺絲時使用的工具。可以用來安裝細小零件。

電動衝擊起子
電動衝擊起子的用途與電鑽一樣，不過鑽頭在旋轉時會再加上衝擊力，以更快的速度、更強的力道來鎖螺絲。但在不熟悉的情況下使用的話反而會不慎讓木頭破裂，或是鎖壞螺絲，故建議最好先習慣相關工具的用法之後再使用。

打釘工具

玄能鎚
錘子的一種。錘頭一端為平面，另一端為隆起的曲面。以平面打釘，曲面收尾，就不會敲壞木材了。

修飾表面的工具

砂紙
紙狀銼刀。寫在背後的數字（番號）越大，就代表顆粒越細，能將材料表面磨得更加細緻平滑。木材剩料若是包上一層砂紙，就能用來打磨細部。

打磨機（磨砂機）
裝上砂紙布之後用來打磨木材的電動工具。可在短時間內處理範圍廣泛的表面。
→打磨機使用方法見 P.74

主要工具的使用方法

這一節要說明木工夾、打磨機與電鑽的使用方法。

木工夾（扳機式）

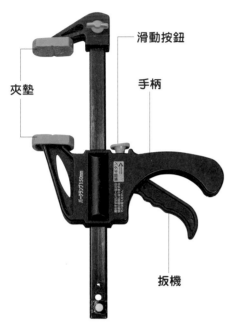

夾墊

滑動按鈕

手柄

扳機

1 按壓滑動按鈕，夾持手柄，這樣就能上下活動下方夾墊，調整夾持的寬度。

2 將木材夾在固定的地方之後，扣下扳機，鎖緊固定。

COLUMN

夾墊位置要筆直

上下夾墊的位置若是不正，固定的木材就會呈傾斜狀態，故固定時一定要注意板材是否筆直。而在固定塊頭較大的木材時，可以2～3支木工夾同時併用。

打磨機

1 砂紙布裁成1/6大，平整夾附在打磨機上。

2 打開開關，沿著木紋打磨。

COLUMN

使用打磨機不要超過15分鐘！

打磨機持續使用超過15分鐘的話，馬達會因為負擔過大而燒毀，而手也會因為震動而麻痺。若要持續使用超過15分鐘，那麼使用多久，就要讓打磨機休息多久，或者改用另外一台打磨機。

電鑽

動作模式切換環
鎖螺絲時可以調整扭力。數字越大，扭力就越強，可以鎖得比較緊。上頭有鑽頭符號的檔位代表鑽孔功能

檔位調整
（高低速切換開關）
迴轉速度可以切換成 HIGH（高速檔）或 LOW（低速檔）

夾頭
只要一轉動，就能夠夾緊或鬆開鑽頭的插孔

正逆轉開關
只要一按，就能改變轉向。鎖緊螺絲或鑿孔時用正轉；放鬆螺絲或要從木頭上拔出鑽頭時要用逆轉

開關
只要一按就能啟動電鑽，放開就會停止

主要的鑽頭

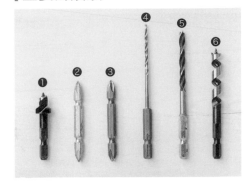

❶定位鑽：用於鑽鑿定位孔
❷螺絲起子頭1：用來扭鎖細軸螺絲
❸螺絲起子頭2：一般的螺絲起子頭
❹底孔鑽頭3mm：用來鑽底孔
❺鑽頭5mm：安裝把手時用來鑽孔
❻鑽頭8mm：安裝在曲線鋸上以挖空木板

鑿孔

1 夾頭轉鬆，上好鑽頭後轉緊。打開電源試轉，確認鑽頭是否卡緊。

2 扭轉動作模式切換環，將模式設在鑽頭標記上，檔位轉到「HIGH」。

3 木材剩料墊在底下，將電鑽垂直立起。打開電源，貫穿之後按下正逆轉開關，讓鑽頭逆轉，拔出電鑽。

鎖螺絲

1 夾頭轉鬆，上好螺絲起子頭後轉緊。打開電源試轉，確認螺絲起子頭是否卡緊。

2 扭轉動作模式切換環，扭力模式調到「1」，檔位轉到「LOW」。

3 螺絲釘與電鑽垂直放在木板上。螺絲鎖至稍可立起（立螺絲）之後，再一邊調整扭力，一邊鎖進螺絲釘。

製作收納盒

剛開始我們先試著製作簡單的收納盒吧。
這樣就能學會一些基本的木工技巧，
例如在木板上標記、打底孔，
以及一些工具的使用方式。

作品完成圖與準備的木材

我們在這一節要製作這個尺寸的收納盒。
圖中的英文字母與木板上的記號相對應。

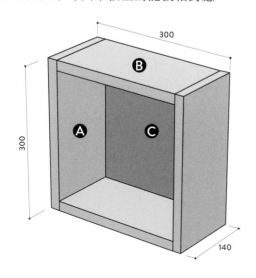

木材
Ⓐ SPF木材（1×6）：300mm 2塊
Ⓑ SPF木材（1×6）：262mm 2塊
Ⓒ 柳安木三合板：298×298mm 1塊

材料與工具

用來製作收納盒的工具以及木材以外的材料。

材料

35 mm細軸 木螺釘（木螺絲）

用來固定**A**與**B**。這裡要用8根

19 mm 木螺釘（木螺絲）

用來固定**C**的木材。這裡要用8根

工具

電鑽

用來鑿孔或鎖螺絲的工具。另外還需準備螺絲起子頭與底孔鑽頭（P.75）

錐子

用來鑿底孔的工具

玄能鎚

用來打釘的工具

鉛筆

在木材上做記號

木工夾

用來固定木材的工具。這裡要使用2支

墊板

鑿底孔時墊在木材底下，以防傷到桌子

濕紙巾

用來擦拭溢出的木工白膠

木工白膠

鎖螺絲釘之前暫時固定木材的工具

作業流程

按照下列步驟製作收納盒。

STEP **1**	STEP **2**	STEP **3**
準備板材	組裝側板	安裝背板

收納盒的製作方法

製作收納盒。

STEP **1** 準備板材

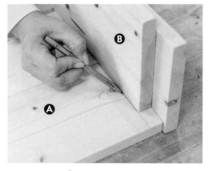

1 木材Ⓐ翻面，2塊並排在一起；木材Ⓑ豎立在邊緣，量好板子厚度後畫線。畫線時可取一塊沒有在用的木材頂住Ⓐ，畫的線比較不會歪。

2 在距離木材邊緣約一根食指寬的地方做個打螺絲釘的記號。

3 每塊板子的四個角（共8處）都打上記號，Ⓐ的標記完成。

4 在Ⓐ底下墊塊木板。電鑽裝上底孔鑽頭，在步驟3打好的記號上鑽底孔。→ memo 1

5 電鑽裝上螺絲起子頭，在底孔打上35mm的細軸木螺釘，立好螺絲（P.75）。→ memo 2

6 8個角的螺絲都立好之後，板材的準備工作完成。

STEP 2　組裝側板

1 取1塊Ⓐ，用2支木工夾固定在桌邊。

2 在Ⓑ的切面上塗抹木工白膠。

3 步驟2的Ⓑ對準步驟1的Ⓐ的邊緣之後鎖上螺絲釘。另外一邊如法炮製，裝上另外一塊Ⓑ。→ memo 3

4 卸下木工夾，趁溢出的白膠還沒變乾之前用濕紙巾擦拭乾淨。

5 用木工夾固定另外一塊Ⓐ。步驟3的框架切面塗上木工白膠之後，對準已經固定住的Ⓐ，打上螺絲釘。→ memo 4

6 側板組裝完成。

---

memo 1

底孔鑽頭置於標記位置上後垂直立起。鑽孔時鑽頭會變熱，要注意燙傷。

memo 2

立螺絲之前先將螺絲釘貼放在木板旁，確認螺絲要上多深才不會貫穿板子。

memo 3

鎖螺絲的時候剛開始先將扭力轉至1，再慢慢調高數字。

memo 4

鎖螺絲時手要扶著板材，以免板子歪掉。

STEP 3 安裝背板

1 木材 ⓒ 的背面對好側板的框架,打上標記。

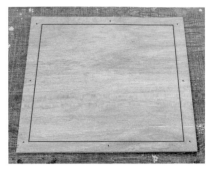

2 四個角落與每兩個角中間要做上記號,共8處。

3 用錐子在步驟2的記號上鑽底孔。

4 木工白膠塗抹在要安裝背板的切口上,再將 ⓒ 黏在上面。

5 用玄能鎚將19mm的木螺釘敲進 ⓒ 的底孔裡。先以對角線的方式打在四個角的標記上,接著再打在中間的記號上。剛開始先用玄能鎚的平面,最後再用曲面敲打。

6 用打磨機將邊角的稜角磨圓,表面也沿著木紋打磨。

7 收納盒大功告成。

製作層板架

將層板或收納盒架設在牆上，放些小東西的話，就能夠為居家擺飾增添幾分色彩。
這一節要介紹用膨脹螺絲（壁虎）將層板固定在牆上，以及用壁掛鐵片安裝層架的方法。

將層板固定在牆上時

在日本，住宅牆壁通常會先在間柱上鋪層石膏板，
接著再貼上壁紙修飾（P.11）。石膏板是一種
以建築石膏（熟石膏）為主要原料的板材，
質地相當輕盈。在間柱等沒有底板的地方
架設層板時，極有可能會因為不夠牢固而掉落，
因此層板支撐架要盡量安裝在有底板的地方。
要是層架只能安裝在沒有底板的地方，
那麼這時候我們就改用
「膨脹螺絲（壁虎）」或「壁掛鐵片」來處理。

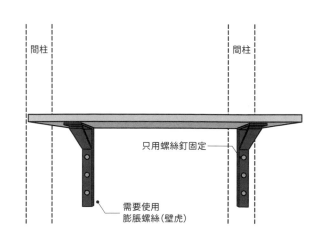

間柱　　　　　　　間柱

只用螺絲釘固定

需要使用
膨脹螺絲（壁虎）

什麼是膨脹螺絲（壁虎）

俗稱「壁虎」的膨脹螺絲可以將螺絲釘鎖在
沒有底板的地方上，例如間柱。
只要將其事先打入預定要上螺絲的地方，
之後就能順利鎖上螺絲，
因為膨脹螺絲可以鉤住石膏板的背面，
加強螺絲釘的固定力。
膨脹螺絲種類繁多，有尖頭快速釘（尖頭尼龍壁虎）、
蘭花夾壁虎、中空壁虎，
以及俗稱「快速釘」的尼龍壁虎。
不過這些膨脹螺絲的適用條件會隨著
牆壁厚度、是否需要鑿底孔，以及荷重量
而有所不同，選購之前記得先詳讀包裝說明。

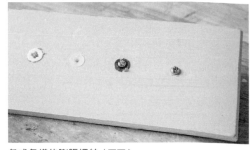

各式各樣的膨脹螺絲（正面）

各式各樣的膨脹螺絲（背面）

尋找牆體

想要尋找牆體，也就是建築物梁柱結構時，
最簡單的方法就是輕敲牆壁，透過拍打聲來確認。
敲打時的「咚咚」聲如果有空心感，
就代表牆後有空洞；
拍打聲若是飽滿，就代表這個地方有牆體。
可是DIY新手光靠拍打聲其實是聽不太出來的。
此時建議大家使用牆體探測器
或牆體探測針比較確實。
牆體探測器偵測到牆體時會發出閃光，
而牆體探測針則是靠刺進牆壁時的手感
來找尋牆體位置。

牆體探測器

牆體探測針

使用膨脹螺絲
製作展示架

下來要說明用膨脹螺絲（壁虎）在石膏板牆面上安裝展示架的方法。
不過這個方法要在牆面上鑿孔，
故無法施作在必須恢復原狀的牆面上。

材料與工具

製作展示架時會用到的材料與工具。

估算費用

材料 2,000 日圓
工具 12,000 日圓
（包含電動工具）

材料

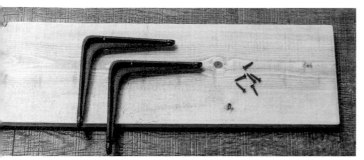

層板
使用的是長450mm、1×6材的
SPF木板

層板支撐架
將層板固定在牆面上的配件

平頭黑螺絲
3×15mm
用來固定層板與層板支撐架的
配件。這裡要使用6根

膨脹螺絲（尼龍壁虎）
底孔直徑為6mm的膨脹螺絲4根。
圖片中的這一款電鑽亦適用

螺絲釘 4×25mm
將層板支撐架固定在牆面上
的配件。這裡要使用4根

工具

電鑽
用來鎖螺絲或鑽底孔的工具。
還需另外準備螺絲起子頭與底
孔鑽頭

角尺
用來測量層板支撐架
位置的工具

錘子
將膨脹螺絲（壁虎）
敲進底孔的工具

鉛筆
在層板上做標
記的工具

水平儀
測量層板是否呈水平
狀態的工具

作業流程

按照下列步驟製作展示架。

STEP **1**	▶	STEP **2**
將金屬配件安裝在層板上		將層板架安裝在牆面上

展示架的施作方式

製作展示架,安裝在牆面上。

STEP **1** 將金屬配件安裝在層板上

1 層板支撐架放在層板上調整位置。層板邊緣到層板支撐架孔洞中心的距離約60mm。

2 用鉛筆在層板支撐架靠近牆面的這一側孔洞上做記號。→ memo 1

3 在打上記號的位置上鑿底孔,但是不要貫穿板材。接著鎖上3×15mm的平頭黑螺絲以固定支撐架。

4 在層板支撐架剩下的兩個孔洞上鑿出一樣的底孔,再用3×15mm的平頭黑螺絲固定。

5 另外一邊的層板支撐架同樣依照步驟1~4的順序,安裝在距離層板邊緣60mm的位置上。

memo 1

此時可在層板旁垂直立上一塊厚木板,這樣就能在支撐架上畫出正確的位置。

STEP 2 將層板架安裝在牆面上

1 將層板架貼放在牆面上,決定安裝位置。

2 用鉛筆在左右其中一側靠近層板的螺絲孔上做好記號後,放下層板,鑽鑿底孔。

3 用4×25mm的螺絲暫時將層板架固定在底孔上。這個釘子在最後會拔除,因此稍微固定即可。

4 將水平儀放在層板架上,測量水平位置。

5 位置確定之後,用鉛筆在剩下的螺絲孔上做記號(這個層板架左右要各鎖上兩個螺絲,故還剩下三處)。

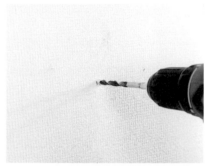

6 卸下步驟3的螺絲,拆下層板架。用6mm的底孔鑽頭在打上記號處鑿底孔。

7 膨脹螺絲塞進底孔中,用錘子敲到底。其餘的底孔記號同樣要打上膨脹螺絲。

8 將層板支撐架的螺絲孔對準膨脹螺絲,鎖上螺絲固定時電鑽轉低速,以免破壞石膏板。

9 展示架大功告成。

用壁掛鐵片
製作收納盒置物架

這裡的壁掛鐵片是用針狀金屬配件來固定，
日後就算拆除，也看不太出孔洞。若是想要藏住
金屬配件，就用有背板的收納盒來製作置物架吧。

材料與工具

在牆上安裝收納盒時會用到的材料與工具。

估算費用

材料 **2,300** 日圓
（收納盒除外）

工具 **1,600** 日圓

材料

收納盒

用的是將 P.76 完成的收納盒塗上一層木蠟油的成品

木墊

為了避免收納盒懸空而用來固定的木材。
使用的是直徑11mm、長295mm的角材

壁掛鐵片

用釘書機將其固定在壁面上的金屬配件。這裡使用壁掛鐵片「壁美人」，有專用的釘書針

鐵片掛鉤

安裝在收納盒上的金屬配件

3×8mm的螺絲釘

用來固定鐵片掛鉤的金屬配件。這裡要使用6根

工具

螺絲起子

將鐵片掛鉤安裝在收納盒上的工具

錐子

在收納盒上鑿底孔的工具

釘書機

將壁掛鐵片安裝在牆面上的工具。
使用的是可以打開至180度的釘書機

木工白膠

用來將木墊黏著在收納盒上

作業流程

按照下列步驟將收納盒掛在牆面上。

STEP **1**	▶	STEP **2**
安裝鐵片掛鉤		安裝壁掛鐵片

收納盒置物架的製作方法

用壁掛鐵片將收納盒掛在牆面上。

STEP **1** 安裝鐵片掛鉤

1 鐵片掛鉤放在收納盒背板的兩端，用錐子在安裝孔的位置鑿出底孔。

2 用 3×8 mm 的螺絲釘將鐵片掛鉤鎖在收納盒上。

3 木墊塗上木工白膠，黏在距離收納盒底部約 3 cm 的地方。

STEP **2** 安裝壁掛鐵片

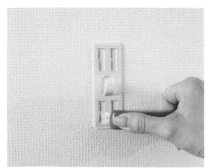

1 釘書機裝好「壁美人」專用的釘書針後打開180度，對牆傾斜30度，將壁掛鐵片釘在牆面上。

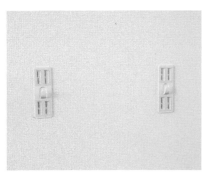

2 配合收納盒上兩側鐵片掛鉤的距離，釘上另外一片壁掛鐵片。

3 將鐵片掛鉤掛在壁掛鐵片上，收納盒置物架完成。

用伸縮配件來製作置物架

只要善用頂天立地柱所用的伸縮配件,就算沒有在牆面上鑿孔,照樣能夠
做出一個大型置物架。在DIY改造時,這類伸縮配件經常安裝在2×4角材的一端,
在日本以「DIAWALL」、「LABRICO」、「WALIST」這三個品牌最為普遍。
而這一節要介紹WALIST的Z型櫥櫃支架,是將特別的伸縮金屬配件安裝在側板上,
因此能夠做出較有深度的置物架。為了安全起見,
當在搭建稍有高度的置物架時,至少要有兩個人一同作業。

WALIST

WALIST的Z型櫥櫃支架可將
2×4角材當作梁柱,牢牢地
固定在天花板上。每一個本
體會附4根帶有鑽頭的自攻
螺絲(4×30mm),以及一張
防刮防滑片

用支架製作置物架的方法

❶ 確認牆體,測量尺寸

❷ 製作置物架的設計圖(決定尺寸)

❸ 準備材料

❹ 塗裝木材

❺ 做上標記

❻ 連接側板,安裝伸縮金屬配件

❼ 安裝層板支撐架

❽ 若置物架偏高,上下要安裝補強桿(邊條)

❾ 安裝層板

❿ 立起置物架,固定在天花板上

POINT
❶ 確認牆體

天花板與牆壁一樣,都有牆體。而
離牆安裝置物架時,別忘記將伸縮
金屬配件安裝在有牆體的地方上。

POINT
❸ 準備材料

準備長度比天花板低6cm的
2×4角材,以當作安裝櫥
櫃支架的支柱。

POINT
❽ 上下都要
裝上補強桿

置物架若是偏高,那麼在距離
上下接近地面10cm處必須分別安
裝一條補強桿以防變形,同時
讓置物架更穩定牢固。

補強桿(邊條)

POINT
❿ 立起置物架,
固定在天花板上

立起置物架時,支架要先縮到最小。若
先整個伸展開來,立起置物架時動作又
太過粗魯的話,極有可能會刮傷天花板
或牆壁,故要多加小心留意。

製作電視櫃

製作可以放上40～42吋電視機、
造型簡單的電視櫃。雖然是
大型木作家具，不過製作方法簡單。
最後收尾採榫接方式，
這樣電視櫃的頂板就看不到螺絲釘。

作品完成圖與準備木材

在這一節要製作下列尺寸的電視櫃。作品完成圖中的英文字母對應的是木板上的記號。

木材
Ⓐ SPF木材（2×12）：1500mm 2塊
Ⓑ SPF木材（2×12）：348mm 4塊
Ⓒ SPF木材（2×12）：500mm 1塊

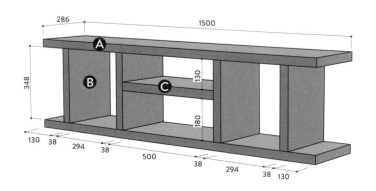

材料與工具

用來製作電視櫃的工具以及木材以外的材料。

材料

65 mm的細軸木螺釘

用來固定木材的配件。這裡要使用
30根

8 mm的圓木棒

最後榫接時使用的配件。這裡要使用2根

木蠟油

用來塗裝木材的配件。
能夠營造出老舊木材的
風格

工具

電鑽

用來鑿孔或鎖螺絲的工具。還需
另外準備螺絲起子頭、底孔鑽頭
與定位鑽

玄能鎚

用來敲打圓木棍

打磨機

用來打磨木材邊角與表面

木工夾

用來固定木材的工具。
這裡要使用2支

木墊板

鑿底孔時墊在木材底下，
以防傷到桌子的工具

切斷鋸

用來裁鋸圓木榫的工具。這種鋸子
的刀刃沒有左右齒（交替齒），比
較不會傷到木材表面

木工白膠

鎖螺絲釘之前暫時固定木材的工具

鉛筆

在木材上做標記

廢布

將塗料塗抹在木材、乾擦
時使用的工具

濕紙巾

用來擦拭溢出的木工白膠

作業流程

按照下列步驟製作電視櫃。

STEP 1	▶	STEP 2	▶	STEP 3
準備板材		組裝板材		榫接修飾

估算時間

180分鐘

電視櫃的製作方法

接下來解說如何製作電視櫃。

STEP 1　準備板材

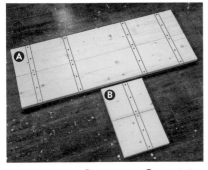

1 2塊木材Ⓐ與2塊木材Ⓑ翻面之後各自排在一起，並根據尺寸畫出隔板與螺絲釘的所在位置。
→ memo 1,2

2 木材底下鋪塊木墊板，在所有的螺絲釘記號上鑿出底孔。

3 要當作電視櫃頂板的Ⓐ正面朝上。鑽頭改為定位鑽（P.75），在底孔的位置上鑽出木榫孔。

4 在底孔上立螺絲。螺絲釘要立在頂板打上木榫孔的那一面（表面）上。配件準備工作告一段落。

memo 1

木材的厚度全都是38mm，故用木材Ⓒ畫線比較簡單。

memo 2

螺絲釘的記號要打在離木材邊緣約一根食指寬（左右兩側都要）以及板子正中央這三個位置上。

STEP 2　組裝板材

1 先從電視櫃中間的 H 型層架開始動工。立好螺絲釘的 **B** 用木工夾固定在桌緣，木工白膠塗抹在 **C** 的切面上，對準畫在 **B** 上的線條。

2 一邊緊壓著 **C**，一邊鎖上螺絲釘。→ memo 3

3 換另外1塊立好螺絲的 **B** 用木工夾固定，以相同方式將步驟2的 **C** 另外一邊安裝在這塊 **B** 上。中間的 H 型層架完成。

4 頂板用木工夾固定。接著與步驟 1～2 一樣，對準做好的標記，將步驟 3 的 H 型層架與剩下的 **B** 全都裝上去。→ memo 4

5 當作底板的 **A** 用木工夾固定。已經組好的板材對準畫在這塊 **A** 上的記號之後用木工夾固定。→ memo 5

6 每顆螺絲都鎖上之後，組裝工作就算完畢。

---

memo 3 ———

螺絲釘先打在兩端，最後再打在正中央。

memo 4 ———

較長的木材在鎖螺絲時，從慣用手的那一側開始施工會比較順手。

memo 5 ———

底板與組好的板材要用木工夾緊緊固定，之間盡量不要有縫隙。

STEP **3** 榫接修飾

1 用玄能鎚輕輕將圓木棒的前端敲扁。→memo 6

2 圓木棒敲扁的那一頭放在頂板的木榫孔上，再用玄能鎚敲打。

3 木榫鋸貼放在頂板上，沿著頂面鋸下圓木棒。這樣就能遮住螺絲孔，讓桌面更美觀。→memo 7

4 用打磨機將木榫孔、頂板角落及表面磨平。→memo 8

5 廢布沾上木蠟油之後塗抹在表面上（P.109）。先從底部開始塗抹，樹結（節眼）要多塗一些。

6 用乾淨的廢布乾擦，充分晾乾後，電視櫃就算大功告成。

---

memo 6

一邊滾動圓木棒，一邊將頂端整個敲扁。

memo 7

若是使用中齒鋸，先在底下鋪一層厚紙板再裁切圓木棒，木榫突出的地方就用砂紙磨平。

memo 8

用砂紙打磨木榫周圍時注意不要磨太久，否則會留下痕跡。收尾時沿著木紋打磨即可。

製作
縫隙推車

收納家具現成品尺寸不合，
要是能 DIY 的話，
就能善用每一個多餘的空間了。
這一節就讓我們試著做一個可以
安裝腳輪與手把的縫隙推車吧。

作品完成圖與準備木材

這裡要製作如下圖尺寸的縫隙推車。
作品完成圖中的英文字母對應木板上的記號。

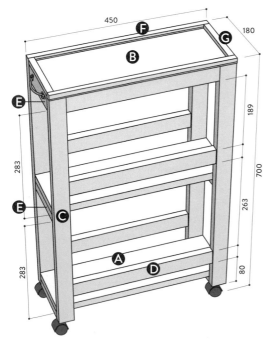

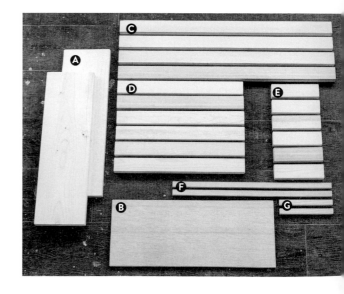

木材
Ⓐ 層板　　SPF木材（1×6）：450mm 2塊
Ⓑ 頂板　　9mm厚的柳安木三合板：180×450mm 1塊
Ⓒ 垂直木框材　赤松材（20×40mm）：646mm 4根
Ⓓ 水平木框材　赤松材（20×40mm）：370mm 6根
Ⓔ 支撐板材　赤松材（20×40mm）：140mm 6塊
Ⓕ 頂板邊條　加工材（10×15mm）：450mm 2根
Ⓖ 頂板邊條　加工材（10×15mm）：150mm 2根

材料與工具

用來製作縫隙推車的工具以及木材以外的材料。

材料

35mm的細軸木螺釘（左）
固定木材的配件。這裡使用32根

65mm的細軸木螺釘（中間）
固定木材的配件。這裡使用12根

19mm的木螺釘（右）
固定加工材的配件。這裡使用10根

腳輪與腳輪螺絲
安裝在推車底部的配件。腳輪4個，腳輪螺絲16根

牛奶漆
用來塗裝木材的配件。這裡使用的是「雪白色」

把手與把手螺絲
安裝在推車上的把手

工具

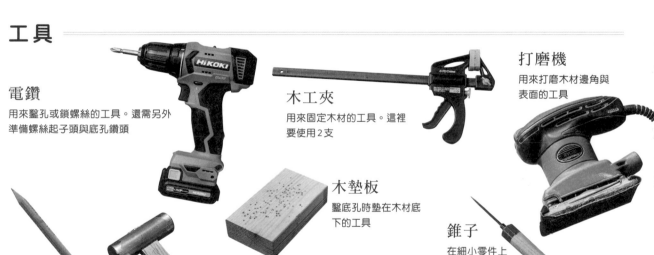

電鑽
用來鑿孔或鎖螺絲的工具。還需另外準備螺絲起子頭與底孔鑽頭

木工夾
用來固定木材的工具。這裡要使用2支

打磨機
用來打磨木材邊角與表面的工具

木墊板
鑿底孔時墊在木材底下的工具

錐子
在細小零件上鑿底孔的工具

鉛筆
在木材上做標記

砂紙
包在木材剩料上，用來打磨細部

玄能鎚
用來打釘

濕紙巾
用來擦拭溢出的木工白膠

油漆刷
將塗料塗刷在木材上的工具

木工白膠
鎖螺絲釘之前暫時固定木材的工具

作業流程

按照下列步驟製作縫隙推車。

```
┌──────────────┐      ┌──────────────┐
│   STEP 1     │  ▶   │   STEP 2     │
│  組裝框架     │      │ 安裝層板與頂板 │
└──────────────┘      └──────────────┘

        ┌──────────────┐      ┌──────────────┐
   ▶    │   STEP 3     │  ▶   │   STEP 4     │
        │  塗裝上漆     │      │ 安裝腳輪與把手 │
        └──────────────┘      └──────────────┘
```

估算時間
180分鐘

縫隙推車的製作方法

製作縫隙推車。

STEP 1 組裝框架

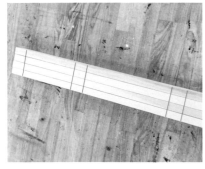  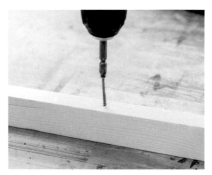

1 垂直木框材 **C** 4根並排在一起，根據尺寸標出安裝水平木框材 **D** 以及打上螺絲釘的位置。→ memo 1

2 在所有的螺絲釘記號上鑿出底孔。→ memo 2

3 將65mm的細軸木螺釘立在垂直木框材未畫線那一面的底孔上。→ memo 3

memo 1	memo 2	memo 3	memo 4

memo 1 — 4根 **D** 排在一起，一次把線畫上去，之後再在各個範圍的中心點標出打上螺絲釘的記號。

memo 2 — 在處理較為細長的木材時，將其橫跨在兩塊木墊板之間施作會比較穩，不易搖晃。

memo 3 — 先數好螺紋數，以免立螺釘時不慎貫穿木材。

memo 4 — 切面整個塗滿木工白膠，鎖上螺絲釘之後，再用濕紙巾擦拭溢出的白膠。

4 取一支立好螺絲的 **C**，用木工夾固定在桌緣上。

5 在 **D** 的切面上塗抹木工白膠，對準線條並鎖螺絲。裝上3支 **D** 之後卸下木工夾。

→ memo 4

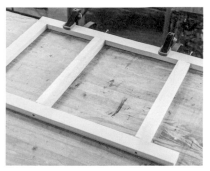

6 用木工夾固定另外一支垂直木框材 **C**，步驟5的 **D** 切面塗上木工白膠鎖上螺絲，完成其中一邊的腳板。

7 按照步驟4～6，組裝另外一邊的腳板，並畫上安裝支撐板材 **E** 以及鎖上螺絲釘的位置。

→ memo 5,6 (P.99)

8 所有的螺絲釘記號鑿出底孔，並在未畫線的那一面立上35mm的細軸木螺釘。

9 將其中一塊腳板用木工夾固定在桌緣上。

10 在 **E** 的切面上塗抹木工白膠，對準線條，鎖上螺絲。先裝3根。

→ memo 7 (P.99)

11 腳板上下顛倒過來，另外一側也裝上 **E** 之後，卸下木工夾。

12 另外一塊腳板用木工夾固定在桌緣，步驟11的 **E** 切面塗抹木工白膠，對準線條，鎖上螺絲之後，推車框架即完成。

1 先在距離層板Ⓐ切面40mm處畫上一條線,接著分別在距離兩端側邊約一根食指寬的位置上畫下鎖螺絲的記號。另外一邊也要做記號。

2 在螺絲釘記號上鑿好底孔之後,將35mm的細軸木螺釘立在沒有畫線的那一面。

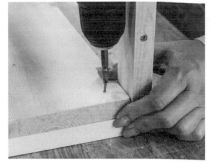

3 立好螺絲釘的Ⓐ卡進在STEP1完成的推車框架最底層之後,鎖上螺絲釘固定。

4 位在推車框架正中央的那一層卡進另外一片Ⓐ之後鎖上螺絲釘固定。如此一來層架就算完成。

5 在頂板Ⓑ打上記號。推車框架倒過來,對好位置之後放在Ⓑ上,沿著內側畫上線條。

6 先在頂板四個角距離邊緣一根食指處畫上鎖螺絲釘的位置,再等距畫出其他螺絲釘的記號,共10處。接著用錐子在螺絲釘的記號上鑿出底孔。

7 Ⓑ放在推車框架上方,將19mm的木螺釘敲進底孔裡,但是盡量不要碰到已經鎖好的螺絲釘。
→ memo 8

8 用木工白膠將頂板邊條Ⓕ與Ⓖ黏在頂板上。

9 等到白膠乾了之後,層板與頂板即完成。

STEP 3 塗裝上漆

1 用打磨機將邊角及表面磨至平滑。

2 打磨機磨不到的細小部位就用包上一層砂紙的木材剩料打磨。

3 塗料均勻搖晃之後開封，塗料沾至油漆刷刷毛的一半。

4 先從看不見塗裝的部位開始上漆。推車倒過來放，從底部板材的接縫處開始塗刷。

5 油漆刷順著木紋慢慢塗刷。

6 整台推車都上漆之後靜置晾乾。

---

memo 5

最上面的支撐板材在畫線時要貼放在**E**的切面上。而在畫螺絲釘的記號時，不管是上還是下，都差不多是相隔一根小指的距離。

memo 6

其他螺絲釘的位置也是一樣，從木材邊緣到一根小指這個距離之間要分別打上兩個記號。

memo 7

頂板支撐材與層板支撐材的安裝方向不同，這一點要留意。

memo 8

螺絲釘先從四個角的其中一個開始鎖。接著再鎖上對角線的螺絲釘。

1　腳輪放在推車框架底部，在螺絲釘的位置上鑿鑽底孔。

2　鎖上專用的螺絲釘，固定腳輪。

3　依照步驟1～2，將腳輪安裝在推車底部的四支腳上。

4　暫時放上把手，確定位置之後用錐子在鎖螺絲釘的位置上鑿底孔。

5　鎖上專用的螺絲釘，固定把手。

6　縫隙推車大功告成。

COLUMN

在頂板上貼磁磚

先安裝腳輪再貼磁磚的話，磁磚的接縫處可能會因為鋪貼時縫隙推車移動而歪曲。故要在頂板上貼磁磚時，不妨等到磁磚貼好再安裝腳輪，但在這之前，接縫處必須整個都乾了才行。磁磚貼法將會在下一節說明。

ARRANGE 1

改造家具①
鋪貼磁磚

這一節要說明如何用前一頁完成的
縫隙推車頂板來貼磁磚。
磁磚的顏色與形狀琳瑯滿目，
光是思考要貼出什麼樣的圖案就足以
讓人樂在其中。

材料與工具

鋪貼磁磚時會用到的材料與工具。

估算費用

材料 **2,000** 日圓
工具 **500** 日圓

材料

馬賽克磁磚

貼在頂板上的磁磚。這裡使用隨機裁切的磁磚

磁磚填縫劑

用來填補磁磚接縫

磁磚黏著劑

用來將磁磚貼在頂板上

工具

美紋膠帶

用來遮護推車框架的工具

刮刀

將黏著劑攤抹開來，或是調整磁磚縫隙的工具

濕紙巾

用來擦拭溢膠

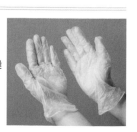

塑膠手套

塗抹磁磚填縫劑時配戴

作業流程

按照下列步驟鋪貼磁磚。

STEP 1	▶	STEP 2
用磁磚黏著劑黏貼磁磚		填補縫隙

磁磚的鋪貼方法

在頂板上貼磁磚。

STEP 1 用磁磚黏著劑黏貼磁磚

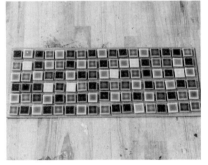

1 考量接縫寬度（約2mm），決定磁磚拼貼的圖案。準備一張大小與磁磚鋪貼部分相同的木板或紙板會比較好進行。

2 磁磚鋪貼部分的周圍貼上一層美紋膠帶遮護，以防沾到黏著劑。

3 從邊緣開始鋪貼磁磚。先在第一排的範圍內擠上黏著劑，再用刮刀塗抹成1mm左右的厚度。

4 磁磚輕放在上。第一排磁磚排好後調整接縫間距，讓磁磚均勻分布。

COLUMN

馬賽克磁磚整張鋪貼時

這裡要用多種顏色的磁磚組合鋪貼，所以是將一整張的馬賽克磁磚拆散來使用。若只想用單色，那麼將一整張的磁磚裁剪成希望的尺寸直接鋪貼上去即可。整張的馬賽克磁磚通常會均勻排列，可以省去調整接縫間距的時間。

5 先沿著木框貼上一圈磁磚，接著按照相同方式一圈一圈往內鋪貼。最中間的磁磚用鑷子會比較好鋪貼。
→ memo 1

6 磁磚全都貼好之後，用刮刀均勻調整接縫處的寬度。→ memo 2

7 整體磁磚位置確定之後，再用手指一塊一塊壓貼，並放置約 3 小時，直到黏著劑變乾為止。

STEP 2 填補縫隙

1 美紋膠帶先立在框架內側再鋪貼。
→ memo 3

2 磁磚填縫劑與少量的水倒入夾鏈袋中，壓緊夾鏈，用手揉和。

3 一邊加水一邊調整硬度，直到和味噌醬一樣黏稠即可。→ memo 4

---

memo 1

磁磚不要緊貼在框架邊緣，要預留一條縫隙，以便填入磁磚填縫劑。

memo 2

從各個方向觀看磁磚的排列是否整齊。

memo 3

美紋膠帶在鋪貼時要配合磁磚的高度。

memo 4

磁磚接縫劑太硬的話，會不容易填入縫隙之中；但太軟的話，乾燥之後又會縮水。

4 磁磚接縫劑揉勻之後剪開夾鏈袋，整個攤放開來；戴上塑膠手套，將接縫劑揉成一團。

5 分取適量磁磚接縫劑，放在磁磚上，一邊用手指壓攤開來，一邊填埋縫隙。→ memo 5

6 磁磚接縫劑整個攤抹在頂板之後，仔細確認縫隙是否已經填滿。若有缺漏，就再填補。

7 用手揮掃表面的接縫劑，直到看出磁磚形狀為止。

8 用濕紙巾輕擦磁磚表面與接縫處，讓磁磚的輪廓露出來。堆積在角落的磁磚接縫劑用刮刀剔除。
→ memo 6

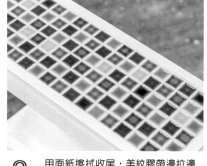

9 用面紙擦拭收尾，美紋膠帶邊拉邊拆，最後再風乾一天即可。

memo 5
沒用完的磁磚接縫劑要在變乾前用剪開的夾鏈袋包緊保存。

memo 6
將濕紙巾摺成四摺之後用手指夾拿。

COLUMN
馬賽克磁磚的其他用法

除了家具頂板，馬賽克磁磚貼在杯墊或者是托盤上看起來也相當討人喜歡。

改造家具②
木材塗裝

將作品塗上自己喜歡的顏色
是 DIY 獨有的樂趣。
而這一節要介紹可以營造出
懷舊氣氛的各種塗裝技巧。

塗裝的工具

塗裝時使用的工具。須視情況做好遮護措施（P.15）。
作為材料的塗料以及其他工具會因塗裝方式不同而改變，
關於這點我們將會在各頁分別介紹。

估算費用

工具 **1,200** 日圓

油漆刷

Ⓐ 牛奶漆豬鬃刷：用仿古漆弄
髒材料之後，再加以塗刷時所
使用的工具
Ⓑ 牛奶漆化纖油漆刷：塗刷牛
奶漆時所使用的基本油漆刷

COLUMN

塗刷面積較廣時

塗刷面積較廣時方法和粉
刷牆壁一樣，要用滾筒刷
與黑色漆盤。而處理木材
表面的時候也是一樣，使
用打磨機（P.74）會比較省
時。記得要視情況戴上塑
膠手套。

砂紙

塗裝前用來打磨木材表面的工具

基本塗裝方式

接下來要說明最基本的塗裝方式，也就是單色塗刷。
若要重複上漆，底漆就用這種方法來塗刷。

使用的塗料

牛奶漆

以牛奶為原料、質地天然的水性塗料，好稀釋，易上漆，適合單色塗刷或者當作底漆來使用。這裡使用的顏色是「迪克西藍」（dixie blue）。

1 木材的塗裝面一定要打磨，讓表面變得平滑才行。以砂紙打磨時，要用120號或240號。

2 確認牛奶漆瓶蓋已蓋緊，再整罐上下搖晃約30次。

3 清理油漆刷掉落的毛絮（P.32）之後打開塗料瓶蓋，讓牛奶漆直接浸泡至油漆刷刷毛的一半。

4 剛開始先將油漆刷放在距離塗裝面邊緣稍遠處，接著再朝邊緣塗刷。

5 從邊緣沿著木紋往回再刷一次。之後重複步驟4～5，反覆塗刷。油漆刷盡量不要壓貼在表面上。

6 木頭切面通常會凹凸不平，故要以敲打的方式塗刷。先上一層漆，待塗料變乾之後再依照相同方式上第二次漆。

復古老舊塗刷法

在打好底漆的木材上塗刷仿古漆，
展現出髒污的模樣，讓物品呈現老舊氣息。

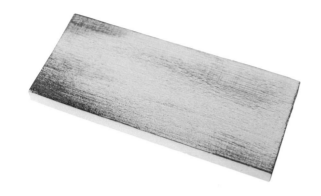

使用的塗料

仿古漆

這是一種略為黏稠的咖啡色塗料，塗抹在
木材上當底漆的話可以增添髒污效果。底
漆方面建議選擇淡色，這樣比較容易展現
出復古老舊的氣息

追加的工具

已上底漆的木材

這裡是用「芥末黃」的牛奶漆
來著色

厚紙板

可用剪開攤平的牛奶紙盒

1 鬃毛刷沾上仿古漆之後，先在厚紙
板上塗刷，抹除多餘的塗料。
→ memo 1

2 已上底漆的木材邊角用豬鬃刷刷毛
前端刷過。先從角落開始塗刷。

3 接著刷過表面，把整塊木板刷髒。

4 一邊參考舊木板的照片，一邊調整
髒汙顏色的深淺。→ memo 2

memo 1

最好使用刷毛比較硬的油漆刷
來刷出老舊效果。

memo 2

油漆刷補沾塗料之後，要再經
過步驟1、2才能夠塗刷在木
板上。

灰塵滿佈塗刷法

已上底漆的木材只要塗刷星塵漆，
就能夠展現出木板放置多年、塵埃滿布的風格。

使用的塗料

星塵漆

這是一種略為黏稠的米白色塗料，上漆的部
分會呈現霧白的感覺。底漆方面建議選擇深
色，這樣比較容易展現出灰塵的感覺

追加的工具

已上底漆的木材

這裡是用「迪克西藍」的牛
奶漆來著色

稀釋塗料的容器

可用剪短的牛奶盒

濕毛巾

讓塗料展現出自然的灰塵感

1 在容器裡倒入少量星塵漆後加水。

2 星塵漆與水均勻攪拌之後，用油漆
刷沾取塗料。

3 上好底漆的木材邊緣多塗一些。

4 越往內側塗越薄，利用深淺不一的
色澤，自然呈現灰塵圖案。

5 毛巾沾濕，以敲拍的方式讓塗料附
著在木板上。

6 重複步驟4～5，慢慢塗裝出灰塵囤
積的圖案。

木蠟油 + 噴漆模板

木蠟油可以讓木材充滿光澤,保護表面。
這裡要配合木紋的模樣,用噴漆模板來點綴木板。

使用的塗料

木蠟油

使用的是軟質木蠟油,以天然素材中的蜜蠟為主要原料。除了保護木材,還能上色

牛奶漆

噴漆模板的文字顏色。這裡使用「墨黑色」

追加的工具

噴漆模板

文字或圖案部分鏤空的模板

廢布、美紋膠帶、廚房紙巾、海綿等工具

1 廢布沾上木蠟油。

2 沿著木紋塗抹木蠟油,使其融入木板中。不過切面部分顏色容易變深,故要塗薄一點。

3 塗好之後,將木蠟油均勻攤抹在木板上,再用乾淨的廢布擦乾即可。

4 噴漆模板放在木板上,用美紋膠帶固定。

5 海綿沾上牛奶漆(墨黑色)之後,先在廚房紙巾上拍打,調整濃度。

6 用海綿在噴漆模板輕拍上漆,拍打的次數越多,顏色就會越深。上完漆之後移開模板即可。

龜裂斑痕塗刷法

使用可讓塗裝面出現裂痕的塗料，
表現出使用多年般的花紋。

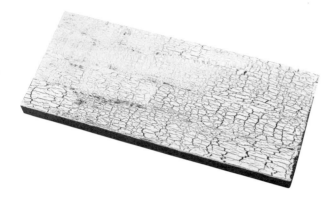

使用的塗料

裂紋劑
可讓上層塗料出現裂紋的塗料，為木材增添
特別的使用感

牛奶漆
為了呈現裂紋而塗刷的塗料。這裡使用的是「麻米色」

追加的工具

已上底漆的木材
這裡是用「酒紅色」的牛奶漆
來著色

1 將裂紋劑塗抹在已上底漆的木材上。→ memo 1

2 讓裂紋劑晾乾到用手指觸摸時像是摸膠帶的黏著面，感覺有點黏黏的狀態即可。

3 用軟毛油漆刷來塗刷牛奶漆（麻米色）。

4 開始出現裂痕的地方若再上一次漆就不會出現裂紋，因此塗裝時盡量不要重複刷到上過漆的地方。

5 若有縫隙，補刷時油漆刷要立起，盡量不要讓縫隙以外的地方沾到塗料。

memo 1

裂紋劑塗得越厚，出現的裂痕就會越大；塗得越薄，出現的裂痕就會越細。

Chapter 4

翻修小創意

最後要為介紹其他可以改變房間印象的翻修小創意。
不管是小地方的布置、牆壁與收納空間的格局擺設，
還是自製的收納家具，只要善用這一節說明的基本原則，
加以組合搭配，就能應用自如，值得一試。

房間小改造

不管是更換家具的零件，還是在窗戶及牆壁上安裝金屬配件，
只要稍微花些巧思，整個房間的氛圍就會截然不同。
在這裡為大家介紹幾個簡單輕鬆的改造方法。

更換把手

只要更換房門或家具拉門的把手，
氛圍就會截然不同。
而在挑選把手時，可別忘記要配合
房門或大門的厚度以及孔洞的大小喔！

市售各種材質的把手，例如陶器、塑膠以及金屬

就算只是更換鞋櫃上的小把手，照樣能營造出華麗的
氛圍

更換把手的方法

1　更換之前的把手是造型簡單的黑色
　　把手。

2　拆下把手。

3　新把手插進門板上的孔洞中，掛上
　　華司（墊圈），鎖上螺帽固定即可。

安裝金屬配件

這裡使用的是平常用來支撐層板的金屬支撐架，
但若當作裝飾物品安裝在牆面上的話，
就能夠成為居家布置的重點。
但在安裝之前，要記得先確認牆體（P.82）。

配合季節挑選掛飾或乾
燥花同樣讓人樂在其中

復古風的層板支撐架就算單獨裝飾，依舊令人印象深刻

更換插座蓋板

容易讓人覺得了無生氣的
插座蓋板只要更換市售品，
或者是貼上美紋膠帶、貼紙等物品，
就能夠配合居家擺飾，點綴空間了。

市面上有不少配合開關形狀、選擇琳瑯
滿目的插座蓋板

陶製或木頭材質的插座蓋板營造的氣氛會比塑膠材質來得柔和

更換照明設備

照明設備一換，
不僅是外觀，
就連散發出來的光量
與光線方向也會跟著改變，
讓整個房間的氣氛
隨著光影煥然一新。
若能搭配桌上的檯燈
或地板上的立燈，
展現出的空間又會是
另一種風貌。

將照明設備從天花燈（吸頂燈）改成水晶吊燈，天花板面與牆面的亮度與影子也跟著不同

更換照明設備的方法

1 天花燈的話先卸下燈罩，並根據照明設備上記載的方法將本體從天花板上拆除。

2 托著燈具本體，轉動引掛器的配線端子，將原本的照明設備從天花板上拆下來。

3 要更換的照明設備配線端子插入引掛器之後扭轉鎖緊。如果是吊掛式照明設備，那就再裝上燈罩。

COLUMN

關於引掛器（電燈底座）

引掛器有好幾種，例如右圖的稱為「圓形引掛器」，另外還有長方形以及嵌入式的引掛器。
在更換天花燈或吊燈時，天花板上若已安裝引掛器，那我們就可以自行更換照明設備；但若需重新設置引掛器，就要委託專業的水電業者來施工。

改造房門與
收納門

這個部分我們要試著
在房門上安裝門牌或者是貼壁紙。
用螺絲釘固定門牌時，必須先在門板上鑿孔，
若是房子退租時需要恢復原狀，在安裝時就要多加留意。

類似咖啡廳員工休息室的門牌

只要在洗手間的門板上裝塊門牌，客人來時也能派上用場

在收納櫃的拉門上
貼一層上漆舊木材
圖樣的壁紙，就能
營造出老舊的氣氛

用美紋膠帶裝飾

只要將寬版美紋膠帶貼在牆面上，
即成為室內布置的點綴重點。這種膠帶只要撕下
就可以恢復原狀，能夠放心輕鬆地挑戰

美紋膠帶的圖案琳瑯滿目，光是挑選就讓人看的眼花撩
亂。有些還可貼在玻璃窗上

貼在櫃子拉門周圍
的美紋膠帶顏色圖
案刻意與壁布板及
乾燥花搭配

改造房間空間

這一節要介紹如何有效利用狹窄的空間以及各種牆面的改造方式，
以顛覆整個空間印象的DIY翻修法。

翻修壁櫥

只要在壁櫥裡貼上壁紙，
裝上層架與照明，另外再擺放一些
收納家具，就能搖身變成工作區。
壁櫥是範圍較小的有限空間，
即使只有一個人，也能夠進行翻修，
改造出每個細節
都不馬虎的講究空間。

AFTER

BEFORE

將壁櫥改造成一個玻璃製品的工作區。上層是
工作區，下層是收納區。要在上層貼壁紙，作
業台要塗刷顏料，故在施工之前要先上一層底
漆（P.19），將底板的處理工作做好再進行

照明設備安裝在枕頭架上，以免作業
空間感到壓迫

利用木材剩料做成的名牌。文字部分是用曲線鋸裁切之後組合而成的。塗裝
方面則是採用木蠟油搭配復古老舊塗刷法的手法來處理

蔬菜木盒橫放在旁，當作書架使用

裝上小掛鉤，用來吊掛鑰匙或
鑰匙圈

層板先用電動的木工修邊機來刨削邊
角，再將邊緣加工成裝飾鑿溝

用來擺放玻璃電窯的底座貼上
了耐熱磁磚。正面的配色與壁
紙相同色調

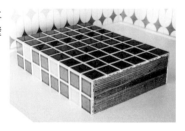

下層的收納櫃用來收納工具以及體積較大的玻璃製品。底部裝了腳
輪，即使收納重物，也能輕鬆拉出。配合空間及用途製作收納櫃正是
DIY最大的優點

將3塊1×4的木材貼在一起做成側板的抽屜櫃。塗
裝成兩種顏色的櫃身搭配的是不同顏色的把手

117

架設隔板

以2×4和1×4這兩種尺寸的木材
製作的頂天立地柱（P.88）
也可當作劃分空間的隔板牆。
這裡我們要用頂天立地柱
在客廳的其中一個角落做出隔間，
若是突然有訪客，
充滿生活感的物品就能隱藏在隔板後面。
至於木飾板的前方，
就當作裝飾壁板善加利用吧。

WALIST金屬配件的顏色若能與塗裝的顏色一致，整體看起來會更加清爽不雜亂。相對地，若是塗成不同顏色，反而能點綴空間

隔板上方不架設木飾板，只用橫板與層板來加強支撐力，這樣比較不會有壓迫感，同時確保投入室內的陽光

要在牆上鎖螺絲釘或鐵釘往往令人猶豫，但如果是隔間的木飾板，挑戰時就不須顧慮太多了

用來加強支撐力的橫板上下都要各釘一條，因此下方的橫板要記得釘上去

製作貓走道

立好頂天立地柱之後，再加上高低不一的層板，
就是可以讓貓咪在上面自由走動的貓走道了。
只要事先畫好設計圖，
準備材料時就不須擔心會浪費，組裝起來更是順利。
一邊確認層板的高度是否能讓貓咪輕鬆跳躍，
一邊視情況調整位置即可。

層板的架設位置可考量貓咪平常的活動模式
以及年紀來決定

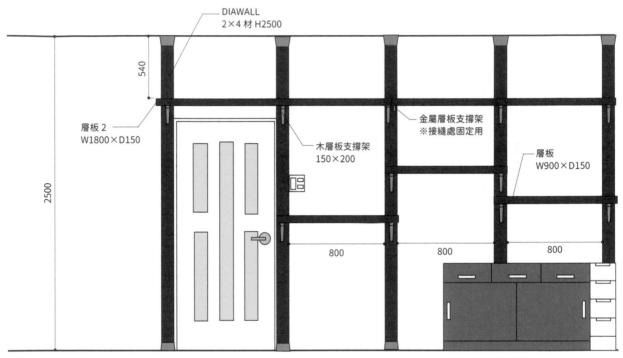

DIAWALL
2×4 材 H2500

540

層板 2
W1800×D150

2500

木層板支撐架
150×200

金屬層板支撐架
※接縫處固定用

層板
W900×D150

800　　800　　800

貓走道設計圖範例

參考：和氣產業「e-MONO MAGAZINE」

最上面的層板是用兩塊木板銜接起來的，因此在中間的頂天立地柱的地方要裝上木層板支撐架與金屬層板支撐架這兩種配件來固定層板

這裡安裝在頂天立地柱上的是
「DIAWALL」的配件產品

架設洞洞板

洞洞板牆上可以吊掛許多掛鉤，適合架設在收納空間不多的地方。
可以試著在上頭架設層板或者是擺些小東西裝飾。不過洞洞板背面
要預留一些空間，若是緊貼在牆面上的話，掛鉤恐怕會無法打在板子上。

洞洞板的框架部分要在後面釘上一
條木棒，使其架設時能浮在牆面上

掛鉤種類琳瑯滿目

洞洞板牆在展示收納這方面能大顯身手，可以隨著我們的創意掛上各種物品裝飾

施作半腰壁板

P.42介紹過如何用
木板架設半腰壁板。
而只要改變木板的種類或顏色，
同樣能夠營造出不同氛圍。
若是配合家具或地板的色調，
在室內裝潢上就能呈現
整齊一致的感覺。

配合家具色調的半腰壁板。頂部的裝飾鑿溝
只要選擇簡單的木板，就能夠營造出自然協
調的氣氛

FAVORITE SPOT

GOOD SLEEP

改造洗手間

洗手間的空間有限，作業範圍非常狹小，
算是一個非常容易挑戰DIY的地方。
只是馬桶與洗手台一帶曲線較多，
有些地方甚至伸手無可及，
因此我們不妨從位置比較上方的牆壁，
或者從安裝展示架等開始進行改造。

即使是平淡無奇的
筒燈，只要裝上珠
簾，就是一個充滿
特色的照明燈

水箱以上的牆壁先上層塗料，接著再架設層架。水氣潮濕的地方記
得要使用防水的飾面材料

在洗手間的牆面貼磁磚

磁磚耐水，適合施作在水氣潮濕的地方。
在上半部的牆面上塗抹了珪藻土，但是珪藻土不耐水，
故在容易遇水沖刷的地方貼磁磚。
毛巾架若是更換成充滿復古氣息造型的金屬配件，
就能夠營造一個洗鍊典雅的空間。

珪藻土搭配暖色系
磁磚可以營造出溫
暖的氣氛。若是牆
面範圍較大，那就
將一整張馬賽克磁
磚（P.102）直接鋪
貼在牆上比較輕鬆

在牆壁等面積廣泛的地方鋪貼磁磚
時，要用有鋸齒的磁磚抹刀（左）
與軟刮刀（橡膠刮刀，右）

製作獨創家具
與小物

不管是尺寸、用途還是造型，想要找出一件處處都符合心中期望的家具幾乎比登天還難。
但如果是DIY的話，那就不成問題了。多多挑戰製作各式各樣的作品吧。

寵物食物收納櫃

這是一個可以將寵物食物、玩具以及散步工具等寵物用品
全都收在一起的抽屜型收納櫃。而最底下的抽屜
則是可以擺放兩個碗的用餐空間。

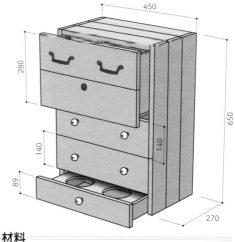

材料

[木材]

本體：・SPF木材（1×4）650mm×6塊、412mm×9塊
・柳安木三合板（3mm厚）450mm×650mm×1塊
・加工材265mm×4根

抽屜：
・SPF木材（1×4）450mm×1塊、SPF木材（1×6）450mm
×4塊
・赤松（木口20×40mm）220mm×4根、60mm×4根、
90mm×8根
・柳安木三合板（3mm厚）400mm×256mm×2塊、385
mm×252mm×1塊
・柳安木三合板（9mm厚）387mm×225mm×2塊、235mm
×225mm×2塊、387mm×60mm×2塊、235mm×60mm
×2塊、402mm×93mm×4塊、240mm×93mm×4塊、
387mm×254mm×1塊、387mm×250mm×1塊

[配件] 抽屜滑軌250mm×2組、35mm的螺絲釘128根、
19mm的螺旋釘24根、20mm的迷你螺絲24根、陶製把
手5個、鐵把手2個、金物鑰匙鎖孔裝飾配件1個

[塗裝] 木蠟油、牛奶漆

工具

角尺、鉛筆、電鑽（螺絲起子頭、鑽頭）、曲線鋸、
木墊板、木工夾、打磨機、錐子、玄能鎚、木工白
膠、廢布、噴漆模板、美紋膠帶、海綿

使用陶製把手，就不用擔心會被寵物咬爛了

最底下的抽屜高度要配合寵物的下巴高度還有碗的深度，以方便寵物進食

至於碗的孔洞，首先將碗倒放在木板上畫線，在距離5mm的內側畫圓之後再用曲線鋸裁切

用仿鑰匙孔的金屬配件以及噴漆模板（P.109）設計出獨特款式

抽屜的高度與深度要根據寵物的身體高度以及飼料的量來調整。大型犬的話，用餐處可以設在倒數第二層抽屜這個高度上。這些都是DIY獨一無二的樂趣

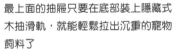

最上面的抽屜只要在底部裝上隱藏式木抽滑軌，就能輕鬆拉出沉重的寵物飼料了

附抽屜書架

這個書架沒有頂板,收納時可以不需要在意書的高度。
除此之外還裝了可以收小東西的抽屜,體積雖然不大,收納能力卻不容小覷。

外框抹上木蠟油,抽屜則是用牛奶漆塗裝。若要擺放A4大小的大型書籍,可使用較寬的木材,讓書架的深度更深

材料

[木材]

本體:
- SPF木材(1×6)250mm×2塊、362mm×2塊
- 杉木(切面19×13mm)400mm×1塊

抽屜:
- SPF木材(1×4)356mm×2塊、100mm×2塊
- 柳安木三合板(3mm厚)354mm×136mm×1塊

[配件] 35mm的螺絲釘20根、19mm的木螺釘6根、塑膠把手1個

[塗裝] 木蠟油、牛奶漆

工具

角尺、鉛筆、電鑽電鑽(螺絲起子頭、鑽頭)木墊板、木工夾、打磨機、錐子、玄能鎚、油漆刷、廢布、美紋膠帶、木工白膠

先做抽屜,再做外框。外框上方沒有頂板,故要加裝背板來固定側板

抽屜與外框之間要保留一些縫隙,讓抽屜更容易拉開

展示架踏台

踏台不僅幫助我們拿取高處的物品,還能當作擺放觀葉植物的裝飾架
以及簡單的椅子。家裡若有一個,處處都能派上用場,相當方便。

材料

[木材]
・南洋松集成材（18mm厚）280×320mm×2塊
・SPF木材（1×4）340mm×4塊、304mm×1塊
・赤松（切面20×40mm）304mm×1根
[配件] 35mm的螺絲24根、直徑8mm的圓木棒
[塗裝] 木蠟油、噴漆模板、牛奶漆

工具

角尺、鉛筆、電鑽（螺絲起子頭、鑽頭、木樺鑽
頭）、木墊板、鋸子（中齒、切斷鋸）、木工夾、打
磨機、錐子、玄能鎚、廢布、美紋膠帶、木工白
膠、海綿

為了避免坐的時候被鐵釘和螺絲釘勾到,踏板最
後要用樺接（P.93）的方式來修飾。組裝時要先安
裝下層踏板

踏台塗上木蠟油之後再用噴漆模
板加工。塗裝時可稍做變化,例
如改變側板與踏板的顏色,這樣
就能做出富有獨創性的作品

背面釘上2塊板子補強

側面要用一塊完整的木板,以免踩踏
時踏台搖晃

用黑板漆製作留言板

我們在 P.28 牆壁塗裝曾經提過「牆面牛奶漆」除了幾種顏色之外，
基本上都具備了黑板漆功能。若是粉刷過後塗料有剩，或是粉刷牆壁之前想要練習，
不妨利用這個機會做一塊小小的黑板。至於使用的塗料
以及工具與塗裝牆壁的時候一樣。

材料
［木材］椴木三合板（9mm厚）
［塗料］牆面牛奶漆

工具
黑色漆盤、滾筒刷、養生膠帶、美紋膠帶

這裡使用的顏色
是和咖啡豆一樣
的深褐色

用三合板做成的黑板厚度較薄，因此可以直接立放，亦可鑿孔吊掛

塗刷範圍若是不大，就先
畫Ｖ字再上漆

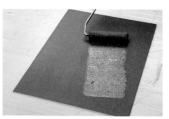

底漆整個乾燥之後再上一
次漆即可

用「牆面牛奶漆」塗刷的牆壁。用粉筆畫在上面的圖案亦可當作
居家裝飾的一部分

撮影協力
tukuriba
村上美樹
床並由佳＋すもも

材料提供
ターナー色彩株式会社「ミルクペイント」
https://www.turner.co.jp

照片提供
株式会社 西粟倉・森の学校（P4地板、P49地板）
https://morinogakko.jp

和気産業株式会社（P88全部、P119全部）
http://www.waki-diy.co.jp

Special Thanks
協助本書製作的所有人

参考書籍
《使える！！内外装材〔活用〕シート2016-2017》
みんなの建材倶楽部 著／エクスナレッジ

《プロのスゴ技でつくる楽々DIYインテリア》
古川泰司 著／エクスナレッジ

《超図解で全部わかるインテリアデザイン入門 増補改訂版》
Aiprah著 河村容治監修／エクスナレッジ

《図解住まいの寸法》
堀野和人・黒田吏香 著／学芸出版社

《インテリアコーディネーター二次試験の完全対策》
金丸由美子・佐藤恵子・餘野篤子 著／オーム社

［作者］
長野惠理

DIY顧問／園藝顧問
畢業於關西學院大學。出生於兵庫縣、居住於神奈川縣。
曾任職於大型建商，目前從事生活雜貨店的經營。
在購入25年屋齡的附庭院透天厝之後，便醉心於居家和庭院的翻修改造，
從中習得木作及DIY技巧，並善用累積的豐富經驗，
直至2020年春天，在體驗型DIY專門店「tukuriba」擔任品牌經理，
負責DIY工作坊的企劃、營運，以及舉辦各種活動、到府翻修工作坊等。
以「初學者也能快樂學習的講座」為宗旨，
提供為個人或企業所設計的講師育成研修課程。
著有《女子DIY教科書～二子玉川tukuriba風格～》（暫譯，講談社）。

創造空間無限可能！
理想住宅翻修計畫
牆面、地板、收納完全提案！新手也能輕鬆規劃＆實踐

2021年9月1日初版第一刷發行

作　　　者	長野惠理
譯　　　者	何姵儀
編　　　輯	曾羽辰
美 術 編 輯	黃郁琇
發 行 人	南部裕
發 行 所	台灣東販股份有限公司
	＜地址＞台北市南京東路4段130號2F-1
	＜電話＞(02)2577-8878
	＜傳真＞(02)2577-8896
	＜網址＞http://www.tohan.com.tw
郵 撥 帳 號	1405049-4
法 律 顧 問	蕭雄淋律師
總 經 銷	聯合發行股份有限公司
	＜電話＞(02)2917-8022

TOHAN

國家圖書館出版品預行編目資料

創造空間無限可能！理想住宅翻修計畫：
牆面、地板、收納完全提案！新手也能
輕鬆規劃＆實踐 / 長野惠理著；何姵儀
譯 . -- 初版 . -- 臺北市：臺灣東販股份有
限公司, 2021.09
128 面；19×25.7 公分
譯自：はじめてのセルフリノベ：DIY初
心者でもできる！かんたんリノベーション
ISBN 978-626-304-841-6(平裝)

1. 住宅 2. 建築物維修 3. 室內設計

422.9   110012772